U0256120

GLADIATORS, PIRATES AND
GAMES OF TRUST

How Game Theory, Strategy and
Probability Rule Our Lives

〔以〕哈伊姆·夏皮拉（Haim Shapira）———

云山———译

著

角斗士、海盗与信任博弈

×

中信出版集团 | 北京

图书在版编目（CIP）数据

角斗士、海盗与信任博弈／（以）哈伊姆·夏皮拉著；
云山译. -- 北京：中信出版社，2019.6
书名原文：Gladiators，Pirates and Games of
Trust：How Game Theory，Strategy and Probability
Rule Our Lives
ISBN 978-7-5217-0463-1

Ⅰ.①角⋯ Ⅱ.①哈⋯②云⋯ Ⅲ.①博弈论–普及
读物 Ⅳ.①O225-49

中国版本图书馆 CIP 数据核字（2019）第 080021 号

Gladiators，Pirates and Games of Trust by Haim Shapira
Text copyright © Haim Shapira 2017
Published by arrangement with Kinneret Zmora Dvir Publishing House.
Simplified Chinese rights arranged through CA–LINK International LLC

Simplified Chinese translation copyright © 2019 by CITIC Press Corporation
ALL RIGHTS RESERVED
本书仅限于中国大陆地区发行销售

角斗士、海盗与信任博弈

著　　者：[以] 哈伊姆·夏皮拉
译　　者：云山
出版发行：中信出版集团股份有限公司
　　　　　（北京市朝阳区惠新东街甲 4 号富盛大厦 2 座　邮编　100029）
承 印 者：北京通州皇家印刷厂

开　　本：880 mm×1230 mm　1/32　　　印　　张：7.5　　字　　数：130 千字
版　　次：2019 年 6 月第 1 版　　　　　印　　次：2019 年 6 月第 1 次印刷
京权图字：01-2018-1693　　　　　　　广告经营许可证：京朝工商广字第 8087 号
书　　号：ISBN 978-7-5217-0463-1
定　　价：45.00 元

引 言

本书讨论博弈论，并介绍一些重要的关于概率和统计的观点。这三大思想领域构成了我们在日常生活中做决定的科学基础。由于这些话题都相当严肃，所以我费了九牛二虎之力，尽量想让本书既严谨又有趣，至少不至于太沉闷。毕竟，享受生活和学习知识一样重要。

另外，在本书中，你们将会学习到以下内容。

- 认识诺贝尔经济学奖得主约翰·纳什，并熟悉著名的纳什均衡。
- 学习《谈判的艺术》中的基本观点。
- 回顾"囚徒困境"中的每个方面，并学习合作的重要性。

- 介绍战略思维领域的世界冠军。

- 审视稳定婚姻问题，并探究它如何通向诺贝尔奖。

- 参观一个角斗场，并得到一个教练的位置。

- 在拍卖中竞标，并希望避免"赢者的诅咒"。

- 学习统计数据的支持在哪儿。

- 了解手术室中概率的存在。

- 发现斗鸡博弈与古巴导弹危机有何关联。

- 建一座机场并分一份遗产。

- 发出最后通牒并学习信任。

- 参与约翰·凯恩斯的选美比赛，并研究其与股票交易的关联。

- 从博弈论的角度讨论公平的意义。

- 认识杰克·斯帕罗船长，并发现海盗是如何民主瓜分财产的。

- 寻求玩俄罗斯轮盘赌的最佳战略。

目　录

第一章　用餐者困境

如何快速失去许多朋友？

在这一章里，我们会去一家餐厅，来看看博弈论到底是什么，为什么它这么重要。我也会举一些我们在日常生活中遇到的博弈论案例。

请想象以下场景：汤姆走进一家餐厅，坐下来，翻开菜单，他发现这里有他最喜欢的一道菜——罗西尼牛排。这道菜以意大利伟大的作曲家焦阿基诺·罗西尼的姓氏命名。它将牛里脊肉排（即菲力牛排）用黄油在平底锅里煎过后，放在油煎面包块上，顶上放薄薄一层鹅肝酱，再用几片黑松露装饰一下，最后浇上马德拉酱汁。简言之，这道菜里的所有东西都不利于你的心脏健康。这确实是一道非常美味的菜，但也非常昂贵。假设它标价为200美元，现在汤姆必须决定：点还是不点。这听起来非常戏剧化，甚至有点莎士比亚风格，但这确实不是一个很难做的决定。汤姆需要做的只是想想这道菜带给他的快乐值不值这个标价。请记住，200美元对不同的人有不同的意义。对大街上的乞丐来说，这是一笔很大的财富。但如果你往比尔·盖茨的银行账户里转200美元，他不会感到有什么变化。不管怎样，这是一个相对简单的决定，也和博弈论毫不相干。

　　那我为什么要给你讲这个故事呢？博弈论在这里又有什么

作用？

原因在此。设想汤姆并不是独自用餐，他是和 9 个朋友一起来到这家餐厅的。他们 10 人围坐在一张桌子旁，并且一致同意不要各付各的，而是平摊账单。除了汤姆之外，每人都点了自己的简餐：一份家常炸土豆；一个芝士汉堡；一杯咖啡；一杯苏打水；我什么都不要，谢谢；一杯热巧克力；等等。当他们都点完了，汤姆突然灵机一动，向服务员说道：“我要罗西尼牛排，劳驾。”他的决定看起来非常简单，且从经济和战略角度看都不错：他让自己欣赏了一场罗西尼美味“歌剧”，却只支付了其标价的十分之一。

汤姆的选择是否正确？这究竟是不是一个好的点子呢？你认为他的 9 个朋友接下来会怎么做？（或者数学家会问，这场博弈将如何进行动态变化？）

每一个作用力会引发一个反作用力
（ 牛顿第三定律的缩略版 ）

我了解汤姆的这些朋友，而且可以告诉你，他的这一举动无异于一次宣战。餐厅服务员被叫了回来，每个人都突然想起来他们非常饿，菜单上的那些昂贵的菜都很诱人。家常炸土豆很快被替换成卢布松松露饼。芝士汉堡不要了，换成一块 2 磅（约 0.9 千克）重的牛排。汤姆的那些朋友突然都变成了伟大的美食鉴赏家，专挑菜单上昂贵的那部分点，甚至还点了几瓶昂贵的葡萄酒。当最后结账时，大家平摊账单，每个人都要支付 410 美元。

无独有偶，科学研究显示，当几个人分摊聚餐账单时，或当免费分发食物时，人们会要得更多——我相信你不会对此感到惊讶。

汤姆意识到他犯了一个可怕的错误，但只有他犯了这个错误吗？每个人都不想吃亏，试图避免被汤姆用这种方式愚弄，结果点了他们根本不想点的食物，且付出的钱比他们原本想花在食物上的要多得多。我还没说他们因此摄入了多少卡路里……

那他们是不是应该少花一些，仅让汤姆一人享受他的梦想美食呢？你来决定。不管怎样，这将是这群人的最后一次聚餐。

这个在餐厅发生的场景展示出几位决策者之间的互动，是一个博弈论研究的现实案例。

"互动决策理论或许对于那个常常被称为博弈论的学科而言，是个更具描述性的名称。"

——罗伯特·奥曼（摘自《论文集》）

以色列数学家罗伯特·奥曼教授因其在博弈论领域的创举，在 2005 年获得诺贝尔经济学奖。根据他的定义，我们将博弈论确定为一种互动决策的数学形式化。

在本书中，我会尽力避免使用数字和公式，很多优秀的书也都是这么做的。我会试着呈现这个专业更有趣的方面，并聚焦那些深刻的见解和要点。

博弈论是将理性玩家的礼尚往来公式化，同时假设每一个玩家的目标是使其收益最大化，无论这个收益是什么。

玩家可能会是朋友、敌人、政党、国家，或是其他任何有真正互动行为的行为体。博弈分析的问题之一是，作为一个玩家，很难知道什么能使每一个玩家都受益。另外，我们很多人甚至都不清楚自己的目标是什么，或者什么能使我们受益。

我想我应该在此指出，参与者获得的奖赏不仅仅是用金钱来衡量的。奖赏是玩家在游戏结束后获得的满足感，它可能是积极的（如金钱、名声、客户、荣誉等），也可能是消极的（如谎言、浪费时间、财产被破坏、幻想破灭等）。

如果我们参加一个游戏，游戏结果取决于其他玩家的决定，当我们即将要做一个决定时，我们就会假设，在大多数情况下，其他玩家会和我一样聪明和以自我为中心。也就是说，不要指望你在享受罗西尼牛排时，其他人会一边抿着苏打水，一边分摊账单，同时愉快地分享你的乐趣。

我们有很多办法将博弈论运用到日常生活中：商业谈判或者政治谈判，设计一次拍卖（你既可以选择英国模式，即价格持续上升；也可以选择荷兰模式，即起价很高，然后持续砍价），边缘政策模型（古巴导弹危机，伊斯兰对西方世界的威胁），产品定价（可口可乐应在圣诞节前降价还是涨价，百事可乐应如何应对），街边小贩如何与偶遇的游客讨价还价（降低其货品价格的最佳速度是什么？降得太快可能会暗示商品不值钱，而降得太慢有可能让游客失去耐性而离开），捕鲸限制（所有那些仍和以前一样捕鲸的国家希望对其他国家设置捕鲸限制，因为若不设限，鲸鱼将很快灭绝），为棋盘游戏想出聪明的战略，理解合作的演变，求爱策略（人类和动物），军事战略，人与动物行为的进化（我的热情正在衰退，已经开始泛化），等等。

真正的问题是，博弈论是否真的可以帮助人们改进日常做决定的方式？人们对此有不同观点。一些专家确信，博弈论能对几乎所有的事情都产生关键影响；但也有不少专家相信，博弈论只是一些好看的数学运算。无论如何，它是一个迷人的思想领域，为我们生活中各种各样的问题提供了无数的见解。

我认为,教授和学习博弈论与其他事物的最好办法是通过案例。我们看的例子越多,就越能更好地理解事物。那么就让我们开始吧。

第二章　勒索者悖论

"让我们永远不要因为害怕而谈判，而要永远不害怕谈判。"

——约翰·肯尼迪

在这一章中，我们将学习一个由罗伯特·奥曼发明的关于谈判的游戏。这个游戏很简单，但它有可能会误导人们——它隐藏了一些深刻的见解。

勒索者悖论最初是由罗伯特·奥曼提出的。他是一位伟大的通过博弈论分析法来研究冲突与合作的专家。以下是我的解读。

乔和莫走进一间黑屋子，里面有一位高个子、黑皮肤的神秘陌生人等着他们。他身着黑色西装，系着一条黑领带。他取下墨镜，将一个公文箱放在房间中间的一张桌子上。"在这里面，"他指着公文箱不容置疑地说道，"有100万美元现金。不久后这些钱就会成为你们的。但有一个条件，你们俩必须决定如何分这笔钱。只要你们能达成协议，任何协议都行，这钱就是你们的。如果达不成一致，这钱就还给我的老板。我现在把你们留在这里，你们考虑一下，我一个小时后再回来。"高个子男人说完就离开了。

那么，让我来猜猜，你现在怎么想的："这个太简单了吧！完全不需要动脑子。没有进行谈判的必要。我说，为什么一个诺贝尔奖得主会担心这样的事情？我没听漏什么吧？

当然没有。这是世界上最简单的游戏了。乔和莫需要做的只是……"

沉住气，我的朋友。先别着急下结论。请记住，事情往往不像看起来那么简单。如果这两个玩家只需要平分这笔现金然后回家，我不会在书里写他们。这是之后真正发生的事情：乔是一个好心和体面的人，相信他具有大多数人的素质。他满脸笑容地望向莫，一边搓着手一边说："你相信那个人吗？他可真有趣！他给了我们一人 50 万美元。我们都不用谈判。让我们结束这个愚蠢的游戏，平分这笔钱，然后好好庆祝一番，怎么样？"

"所以这对你来说只是一个愚蠢的游戏，是吗？"莫说道，语气听起来有些不友好。"我觉得很有意思。你在这里胡言乱语，愚蠢地建议要平分，我倒是有一个更加合理的解决办法。我的方案是这样的：我拿走 90 万美元，你拿走剩下的 10 万美元。你能拿这么多，是因为我今天心情刚好不错，知道吗？这是我最后的提议。接不接受随你便。如果你接受，你可以赚 10 万美元。如果你不接受，那也没问题。我们什么也拿不到，我一点儿也不在乎。"

"你不是在开玩笑吧？"乔说道。他开始感到担心。

"绝不！别忘了我的外号叫'金钱怪兽'。你这样的人只配当我的早餐。我从不开玩笑，而且也没有这个习惯。这是我最后的报价，不容谈判！"

"你这是怎么了？"乔都快喊起来了，"这是一个由充分了解情况的两个玩家参与的对称博弈。你没有任何理由应该比我多拿一分钱。这说不过去，而且一点儿也不公平。"

"听着，你说的太多了，我头都疼了。"莫说，他的上嘴唇明显开始抽搐，"你再多说一句，我会把给你的那份降到 5 000 美元。你现在要说的只是'好吧，就这么做'，否则我们都空手离开。"

于是，乔说："好吧。"

游戏结束。

这在一个简单游戏里是如何发生的？乔在哪里做错了？

当我在一份主流经济类报刊上提到这个游戏时，我遭遇了大量愤怒的政治声讨，左翼到右翼都有（这证明我的文章是平衡和公正的）。因为读者都理解，这不是关于乔和莫参加的一个游戏，而是有关我们真实生活的谈判。在很多年前，我曾有幸在奥曼教授的门下学习。奥曼教授认为，这个故事与阿以冲突密切相关，并且大体上能教我们一两点关于解决冲突的办法。我们也能在历史谈判中看到不同的勒索者悖论的影子，如 1919 年的巴黎和会（会议签署了《凡尔赛条约》）、1939 年的《莫

洛托夫–里宾特洛甫条约》（即《苏德互不侵犯条约》）、2002
年的莫斯科大剧院人质危机，以及最近在伊朗共和国和几个大
国之间进行的核谈判等。

　　奥曼认为，以色列在与邻国启动谈判时，必须考虑以下三
点：第一，它必须考虑面对谈判（或博弈）达不成任何协议的
可能性；第二，它必须意识到谈判有可能反复；第三，它必须
确定自己的底线，同时坚守住这条底线。

　　我们先讨论前面两点。如果以色列不希望谈判无功而返，
那么它就有战略上的缺陷，因为这个谈判不再是对称的。那个
在心理上有失败准备的一方就会获得巨大的优势。同样，当乔
愿意做出痛苦的让步，接受羞辱的条款以便达成协议时，他的
立场会影响未来的谈判，因为当玩家再次碰面时，莫有可能会
给出更差的条件。

　　更重要的是，在真实生活中，时间也很关键。考虑一下，
莫想勒索乔，乔不慌不忙，试着通过谈判来改变这一不公正的
提议。莫坚持不变，乔再次努力，但时间一点点过去……突然
有人敲门了，公文箱的主人回来了。

　　"喂，你们两位达成一致意见了吗?"他问道，"还没有?
好吧，钱我拿走了，再见。"他走了，留下诚实的乔和勒索者
莫，他们一分钱也没有拿到。

这实际上是商业界中尽人皆知的情况。我们时不时会听到这样的新闻，一家公司收到了一个试探性的收购报价，但还没等适当讨论，这一报价就被撤走了。一般情况下，我们需要考虑这个给定资源的性质，它的价值可能会随着时间的流逝而被崩减，尽管它都没被用过。我们把它称为"冰棒模型"：一个持续融化直到消失的好东西。

这里有一个现代寓言。一个富得不能再富的商人做生意很有一套。他想出价购买一家公司，并规定他给出的价格每天都会缩点水。我们假设他向以色列和约旦政府出价，声称自己想出价1 000亿美元购买死海（死海每天都在缩小，没准儿有一天真的会死去），而且他的出价每天都会降10亿美元。如果这两个国家经过官僚主义的繁文缛节或是政治纷争，最终花了相当长的时间才给出答复，他们很可能最终只能得到这个商人一小笔钱，让他拿走死海，这会让这个商人成为死海的主人，从而变得更加富裕。

现在我要告诉你，从勒索者的故事中，我得出了以下结论。

1. 与一个非理性的对手进行理性的竞争往往是不理性的。

2. 与一个非理性的对手进行非理性的竞争往往是理性的。

3. 当你更深刻地思考这个游戏（以及生活中的类似场景）

时，会发现理性的方式往往不那么清楚（就连"理性"这个词的含义都不清楚——毕竟，莫是这个游戏的赢家，并且拿走了 90 万美元）。

4. 当你试图从对手的角度猜测他会怎么做时，你需要非常小心。你不是他，也永远不知道什么会让他做出反应，以及为什么会做出反应。很难甚至不太可能去预测别人在一定情况下会如何反应。

当然，我有足够的例子来阐明我的观点。我随机挑选了一些。2006 年，格里戈里·佩雷尔曼教授婉拒了菲尔兹奖（相当于数学家的诺贝尔奖），他说："我对金钱和名声都不感兴趣。"2010 年，他因为证明了庞加莱猜想（Poincaré conjecture）而获得 100 万美元的奖金，但他再次拒绝领取奖金。你看，有些人不喜欢钱。在第二次世界大战期间，约瑟夫·斯大林拒绝了一个战俘交换提议：即用苏联人在斯大林战役中逮捕的一名德国司令官换取他自己的儿子雅科夫·朱加什维利，后者自 1941 年起就被德国人俘虏。"我不会用一名将军交换一名士兵。"斯大林宣称。与此同时，也有一些人把自己的肾脏捐给了完全不认识的人。为什么呢？你的猜测和我差不多。弗拉基米尔·普京一天早上醒来，决定了克里米亚半岛的未来。我甚至还没来得及开始猜测这个决定。

事件发生之后，一些政治大腕为普京的行为给出了巧妙的解释（你可以上网搜一下）。但唯一的问题在于他们没人预测到这一举动，这足以证明他们对普京的思维方式毫无概念。

现在，最重要的见解如下。

5. 虽然学习博弈论模型很重要也很有帮助，但我们必须记住，通常情况下，生活中的真实事件比它们最初看起来要复杂得多（当我们第二次和第三次审视它们时，它们并没有变得更加简单），没有数学模型能够捕捉到它们整体和全部范围的复杂性。数学更适合研究自然的规律，而非人类的本性。

即使我们不完全了解事实，进行谈判也是我们生活中的必要成分。我们同配偶、孩子、合作伙伴、老板以及下属都会谈判。当然，谈判也是国家间外交关系或政治机构行为（如组建联盟时）的基石。因此，当发现不仅仅是普通人，连那些重要的政治人物和经济人物有时也会表现出十分拙劣的谈判技巧和谈判哲学时，这不能不让人感到惊讶。

在下一章中，我们将读到一个与谈判有关的著名博弈。

第三章　最后通牒博弈

在这一章中，我会着重谈一项经济学实验。这项实验对人类行为进行洞察，动摇了标准的经济学假设，表明人类不愿接受不公正，并清楚地显示经济人（Homo economicus）与真正的人之间的巨大差异。我们也会研究在一个重复出现的最后通牒博弈版本中不同的谈判策略。

1982 年，德国科学家维尔纳·居特（Werner Güth）、罗尔夫·施密特伯格（Rolf Schmittberger）和贝恩德·施瓦策（Bernd Schwarz）就他们进行的一项实验撰写了一篇文章。这项实验的结果让经济学家（仅仅是经济学家而已）很是惊讶。这项被称为最后通牒博弈的实验自此成为世界上最著名也是研究最多的博弈实验之一。

这个博弈类似于勒索者悖论，但有着非常关键的不同。最主要的不同是最后通牒博弈的非对称性。

博弈是这样进行的。两位互不相识的博弈者处于同一个房间内。我们姑且称他们为莫里斯和鲍里斯。鲍里斯（让我们称他为提议者）获得了 1 000 美元，并要求用他认为合适的方式与莫里斯（让我们称他为回应者）分享。这里唯一的条件是回应者必须同意提议者的分配方式：如果他不同意，这 1 000 美元就会被拿走，两位博弈者将一无所获。请注意，参与游戏的两位博弈者充分了解情况。这样，如果鲍里斯给莫里斯 10 美元，而且莫里斯也同意，那么鲍里斯将拿走990美元。但是，如果莫里斯对这一提议不满意（他知道鲍里斯有1 000美元），那么他们两人都会空手而归。你认为会发生什么？莫里斯会接受鲍里斯10美元"慷慨"的提议吗？如果你参加这个博弈，你会提议多少？为什么？如果你是一个回应者，你能接受的最少数额是多少？为什么？

数学 vs 心理学

我相信这个博弈会指向一个巨大的张力，这个张力经常存在于基于数学原则的决定（"标准"决定）和基于直观原则和心理学的决定（"积极"决定）之间。

从数学角度看，这个博弈很容易解决，但是美好而简单的解决办法并不一定是明智的。如果鲍里斯希望使他的个人收益最大化，他应当提议1美元（假设博弈的最小单位是美元，不是美分）。面对这样一个提议，莫里斯面临着莎士比亚的困境："拿还是不拿，这是个问题。"如果莫里斯是一个普通的经济、数学和统计学人——数学爱好者和坚定的理性主义者——他会问自己一个问题："哪个更多，1美元还是0美元？"很快，他会想起自己的幼儿园老师曾经说过，"一个总比没有强"。于是他会拿走这 1 美元，给鲍里斯留下 999 美元。但是，真正的博弈永远不会这样进行。如果莫里斯只接受这 1 美元，这确实不合逻辑，除非他确实很爱戴鲍里斯，希望成为他的恩人。更有可能的情况是，这个提议会惹恼甚至侮辱莫里斯。毕竟，莫里斯不是那样一个极端的理性主义者。他有着人类的情感，例如生气、诚实、嫉妒等。知道这些后，你认为鲍里斯会如何提议，从而实现整个交易？

我们也可能会问，为什么一些人仅仅因为听说或坚持认为自己知道对方会拿到的数额，就拒绝接受向他们提议的数额——有时也会是很大的数额。我们如何将侮辱也作为因素计入数学计算中？如何量化侮辱？人们愿意放弃多少以避免感觉被人当成傻子？

这个博弈曾在不同地方试验过，包括美国、日本、印度尼西亚、蒙古、孟加拉国和以色列。这类博弈不仅涉及金钱的分配，还包括珠宝（在巴布亚新几内亚）和糖果（当小朋友参加游戏时）。经济学学生和佛教的冥想者，甚至黑猩猩也都参加过这场博弈。

我总觉得这个博弈有着无法抗拒的吸引力，并用它做了好几次实验。在很多现实生活的情境中，我看到人们拒绝了侮辱性的提议，如很多人拒绝接受低于总数额 20% 的提议（这是在很多不同文化中都观察到的现象）。当然，这个 20%的界限仅仅适用于博弈金额相对较小的情况。这里的"相对"非常重要。我是说，如果比尔·盖茨提议给我他全部财产的哪怕0.01%，我也不会觉得被冒犯。

　　跟往常一样，没什么事情很简单，也没有什么明确的结论等着我们。例如，在印度尼西亚，博弈者获得了 100 美元——这在他们那里是相对较大的数额——然而一些博弈者却拒绝了 30 美元的提议（相当于两周的工资）。是的，人都很奇怪，但有些人比大多数人都奇怪，甚至超出了我们的预期。在以色列，我们也看到有人对从 500 新谢克尔的总额中分到 150 新谢克尔的提议感到不满意：在150 和 0 之间做出选择，他们的选择是 0。这看起来像是一个伟大的时刻，揭示了近来关于价值的一个伟大发现：150 比 0 要大。既然如此，为什么人们会做出上述选择？回应者知道提议者留下了350 新谢克尔，而不愿意接受这个现状，认为这极不公平且具有侮辱性。一分也不接受对他的神经更好。在过去，数学家对人们的正义感没有给予足够的重视。现在，他们对此重视了。

　　最后通牒博弈从社会学家的角度来看很迷人，因为它说明人类不愿意接受不公正，同时强调荣誉的重要性。宾夕法尼亚大学的心理学家和人类学家弗朗西斯科·吉尔-怀特（Francisco Gil-White）发现，在蒙古的一些小型社区，提议者倾向于提议数额平分，无论他们是否知道非均匀的分配几乎总是会被接受。或许好的声誉比经济奖励更有价值。

"美名胜过美好的膏油。"

——《传道书》7：1

无知是福

顺便说一句，如果回应者事先不知道提议者最后会留下多少钱，那些奇怪的行为（在一次性的匿名博弈中拒绝大量金钱）都不会发生。因此，知道得多并不总是优势。如果我提议你接受 100 美元，不给你其他任何信息（不告诉你如果你接受了我的提议，我就会得到 900 美元），你很有可能会拿上这笔钱，给自己买点好东西。《传道书》里提到，"因为智慧多，所以愁烦就多有"（1：18），这是很有道理的。同样，以色列作家阿摩司·奥兹提到他曾经看过一部美国动画片，里面有一只猫一直往前跑，直到抵达了一个深渊边缘。那只猫是怎么做的呢？如果你看过动画片《猫和老鼠》，你就会知道答案：那只猫没有停下来。它会在空中继续跑，然后在一个很关键的时刻，它意识到自己正悬在空中，而只有在那时，这只猫才会像一块石头一样掉下去。那么是什么让它突然掉下去的呢？答案是：知识。如果这只猫不知道自己的爪子下并没有支撑，它就会在空中一直往前走，直到中国。

那么，我们该怎么进行这个博弈呢？最佳提议会是什么？当然，这取决于许多变量——包括我自身对冒险欲望的限度。显然，没有一个统一的答案，因为这是一件相对个人的事情。此刻，另一个重要的问题是关于这个博弈进行的次数。在一次性的博弈中，最合理的策略是我们把对方给的都拿走（除非我们觉得这样实在太受欺负），可以买一本书、看场电影、吃个三明治、买顶漂亮的帽子，或做点慈善——有总比没有好。但是，如果这个最后通牒博弈重复出现，故事就会完全不同。

虚假的威胁和真实的信号

在重复出现的最后通牒博弈中，拒绝大笔金额其实是有道理的。为什么？给对方一个教训，并发出一个清晰的信号："我没有那么廉价。看，你提议给我 20 美元，我拒绝了你。下一次，你最好改进你的出价。我甚至会建议你考虑平分，否则你会一无所得。"但是，任何事情都不会像看起来那么简单。如果回应者在第一轮拒绝了 200 美元，那么接下来提议者会提议多少？在这种情况下，需要考虑几种可能的反应。

一种方案是，为了不让回应者生气，提议者应在第二轮一开始就给出 500 美元。毕竟，他已经毁掉了一次交易，如果再这样就会丢脸了。问题是，一次性从 200 美元涨到 500 美元，会让提议者显得很弱。回应者可以通过再次拒绝提议，从而试图压榨出更多的钱，他会想，他这次什么都不要，但可以强迫提议者在未来几轮给他 600 美元、700 美元，甚至 800 美元。

另一个可能的解决方案（普京的做法）是往相反的方向走。如果回应者拒绝了 200 美元的提议，提议者应给 190 美元。这样做的逻辑何在？这样的举动是向回应者发出信号："你想来点狠的？我只会更狠。你拒绝一次出价，我就会少给你 10 美元。我经济立场坚定，你大可以拒绝我的出价，直到你气得脸色铁青。你会损失更多，而我一点也不在乎。"

在这种情况下，回应者应采取什么策略？如果他认为，提议者确实很强硬，也许他会妥协。然而，表面上的冷酷也许只是一种虚假的威胁，所以……现在我们有一个问题，因为我们做的正是心理和大脑的博弈。心理学和数学完全不同，它没有什么确定的事。

不管怎样，一次性博弈和重复博弈应该被区别对待，而且博弈者应采取不同的策略。但在一些情况下，参与者拒绝大的数额，是因为他们不知道这个博弈只玩一次，因此给对方发出信号没有意义：虽然提议者可能掌握了线索，但回应者永远也不会从这个学习曲线中受益，因为不会再有下一轮博弈了。通常（我不得不反复强调），事情不会像看起来那么简单。

粉饰的乐趣

2006 年 9 月，我在哈佛大学举办了一场博弈论的研讨会。一位参加研讨会的科学家告诉我，最近得知，一部分在一次性最后通牒博弈中拒绝高获利提议的人是出于生物和化学的原因才这么做的。当我们拒绝不公正的提议时，我们的腺体会分泌出大量的多巴胺，产生出一种类似于性快感的效果。换句话说，惩罚不公平的对手是一种极大的乐趣。当我们如此享受拒绝时，谁还会想要这区区 200 美元呢？

男人、女人、美和信号

陀思妥耶夫斯基曾说："美将拯救世界。"我不太了解这个世界，但美在最后通牒博弈中到底有多重要呢？（即使从经

济角度看，美也是很迷人的。例如，美丽溢价，长得好看的
人们比那些没那么美的同事挣得要多，这是一个众所周知的
事实。）

1999 年，马利斯·施韦泽（Maurice Schweitzer）和萨拉·索
尔尼克（Sara Solnik）研究了美貌在最后通牒博弈中的影响。
在游戏中异性互为提议者和回应者。这是一次性博弈，涉及金
额为 10 美元，而且在游戏开始时，两组队员都要为对方队员的
颜值打分。结果是男性对长得漂亮的女性并没有慷慨（这让人
有些惊讶），但女性却向吸引她的男性给予更多。有些人甚至
从分配的 10 美元中拿出了 8 美元给对方。事实上，这是我们所
知的在西方世界里进行的唯一一次平均的提议金额超过总金额
一半的实验。我们能对此做出什么解释呢？我想，虽然他们被
清楚地告知这是一次性的博弈，但这些女性想到的是重复进行
的博弈。尽管男性不太善于理解暗示，但他们能理解"一面之
交"的含义。显然，这些女人试图向这些美男子发出信号。
"看，我给了你我的全部。一会儿你何不请我喝杯咖啡呢？"她
们实际试图将这一次性的游戏发展成为"连续剧"。那位优秀
的作家简·奥斯汀曾一语道破，她说："一位女士的想象力是
非常迅速的，它能在一瞬间从仰慕变成爱慕，从爱慕变成
婚姻。"

我相信，一旦跨出博弈的界限，女性参与者在战略性和创造性方面比男性参与者更有优势。女性对其行为产生的长期后果的关注是决策过程中一个重要且很受欢迎的品质。因此，彼得森国际经济研究所最近的一项研究指出有着更多女性领导者的公司更能产生盈利，也就不足为奇了。性别平等不仅仅关乎公平，它同时也是改进经营业绩的关键。

法院最后通牒

一个在法院环境下进行最后通牒博弈的例子是"强制许可"案例。当有人提出原创的新点子时，他或她会将此注册为专利，事实上就是一个受到许可的垄断。也就是说，专利拥有人可以阻止其他任何人使用他们的发明。虽然法律创设这条是为了鼓励人们通过创新和改革来对社会做出贡献，但事实上这种垄断很可能会被不希望其他人使用专利的专利所有者滥用，要不然就为授权许可收取大量费用——特别是当这个产品可能会获得广泛使用的时候。[最近，图灵制药公司的首席执行官马丁·什克雷利推高了一种被称为达拉匹林（Daraprim）的药物的价格。这种药物是普遍用于治疗艾滋病的抗寄生虫药物，从最初的每粒 13.50 美元一夜之间涨到每粒 750 美元。] 在这类案例中，想使用这一专利

的人可能要求法院给予他们强制许可，即无须首先获得发明者
的允许。那些担心其他人会获得强制许可的发明者不会定出不
合理的价格，他们将寻求一项协议，有可能无法获得曾经想从
发明中获得的全部利润，但他们依然保有许可。就像在最后通
牒博弈中的博弈者一样，发明者必须记住，有的时候你不得不
做出妥协，虽然获得较少的收益，但有总比没有强。

当事实和数学合二为一

在最后通牒博弈的另一个版本中，有几位提议者提出了分
配博弈金额的几种方法，而唯一的回应者可能会选择其中的一
个方案，让其余的人都接受这种方案。在这里，事实与数学合
二为一。在数学解决方案中，提议者提出将全部的金额都拿出
来，因为这就是纳什均衡（我们之后会谈到这个，但简言之就
是如果博弈金额是 100 美元，并且有一位提议者提出这个金额，
那么其他金额少的提议者都不会有好的结果，因为回应者很自
然会拒绝）。事实上，提议者希望自己的提议被选上，但同时
担心其他提议者会给出更高的金额，这使提议者都倾向于给回
应者几乎全部的金额。

独裁者博弈

这是最后通牒博弈的另一个版本。这里只有两位博弈者，提议者也被称为"独裁者"，拥有完全的控制权，而回应者必须接受独裁者提出的任何条件，事实上他是一个"徒劳的"博弈者。根据数学解决方法，提议者应当拿走全部的游戏金额。正如你肯定已经猜到的那样，标准的经济假设是对实际行为不准确的预测。通常情况下，"独裁者"并没有拿走全部的金额：他倾向于将一些钱（有时候他会给出很可观的金额，有时候他会平分金额）给回应者。他为什么会这样做？这能告诉我们关于人性的什么呢？这与利他主义、公平和自尊有何关系吗？你应该和我猜的一样。

第四章　人们参与的博弈

在这一章中，我们会学一些既有趣又有启发性的博弈。我们会扩展我们的博弈词汇，获得一些启发，并改进我们的战略技能。与此同时，我们还会认识一些我认为可被称为"年度战略家"的人。让我们开始吧。

博弈一　海盗博弈

"你应该相信'不可信赖'，因为你总能发现人们将是不可信赖的。所谓'值得信赖'才是你最不能相信的。"

——杰克·斯帕罗船长，《加勒比海盗》

一群海盗在经历了海上艰难的一天后回到家乡，他们带回来 100 枚达布隆币①（以下简称金币），需要在五个海盗头子之间进行分配。他们分别是亚伯、本、卡尔、唐和埃尔恩。亚伯是最大的头目，而埃尔恩是他们中间地位最低下的。

尽管这里存在等级制度，但这个团队还是民主的，因此他们就分赃达成以下原则。亚伯提议了某个分配方案，然后所有海盗

---

① 达布隆币是一种古西班牙金币。——译者注

（包括亚伯本人）就此进行投票。如果这个方案获得大部分海盗的支持，他们就会执行亚伯的提议，博弈结束。如果得不到大家的支持，亚伯就会被扔进大海（即使民主的海盗也是很难受控制的）。如果亚伯不在了，就轮到本提出方案。他们再次投票。注意，现在有可能形成平局。我们假设在投票平局的情况下，提议将被放弃，而提议者将被扔进大海（但还有一个版本，即在平局情况下，提议者拥有决定性一票）。如果本的提议获得大多数海盗的支持，那么他的方案将获得执行。否则，他会被扔进大海，卡尔会面对越来越少的海盗提出一个方案。以此类推。

这个博弈将一直继续，直到某个建议被大多数海盗投票接受。如果这个情况也没出现，那么埃尔恩会是最后一名活着的海盗，并拿走全部的 100 枚金币。

在你继续读下去之前，请停下来想一想这个博弈将如何结束，假设所有的海盗都很贪婪且聪明。

数学解决方案

数学家通过逆向归纳法（backward induction）来解决这类问题，从结果倒推至开头。假设现在亚伯给出方案并且失败了，本的提议被拒绝而他本人也不在了，卡尔也没能做得更好。唐和埃尔恩是仅存的两名海盗，现在的解决方案相当明显：唐必须建议埃尔恩拿走 100 枚金币，否则唐很有可能落得在海里和鲨鱼共舞的结局（请记住投票平局也意味着提议者失败），而且不可能存活多久。唐是一个聪明的海盗，他建议埃尔恩拿走全部金币（见表 4-1）。

表 4-1　唐的金币分配方案

唐	埃尔恩
0 枚	100 枚

海盗卡尔也一样聪明，他知道上述情况将是游戏的最后阶段（如果能持续到这一步的话，而这正是卡尔希望尽全力避免的）。此外，卡尔知道他没有什么可以给埃尔恩的，因为埃尔恩的利益就是不管怎样都要努力进入下一阶段。然而，相比最后只剩下唐和埃尔恩时唐所面临的情况，卡尔可以帮助唐改善他的处境，并且可以通过给他一枚金币来让唐投票支持他（在这种情况下，唐会支持卡尔，他们将成为多数）。于是，当还剩三个玩家时，金币的分配是卡尔 99 枚，唐 1 枚，埃尔恩 0 枚（见表 4-2）。

表 4-2　卡尔的金币分配方案

卡尔	唐	埃尔恩
99 枚	1 枚	0 枚

本自然知道这些算计。他知道他没有办法提出改善卡尔处境的建议，但他可以给唐和埃尔恩提出他们无法拒绝的方案，即卡尔分文没有，埃尔恩有 1 枚金币，唐有 2 枚金币，本得到剩下的 97 枚金币（见表 4-3）。

表 4-3　本的金币分配方案

本	卡尔	唐	埃尔恩
97 枚	0 枚	2 枚	1 枚

现在我们能够清楚看到亚伯应该怎么做（作为最资深的海盗，他对分赃这类事情很有经验）。亚伯提出以下建议（见表 4-4）。他拿走 97 枚金币，一枚也不给本（他在任何情况下都不会被收买）；给卡尔 1 枚金币（这种情况还是要比亚伯被扔进大海，本分配金币好）；唐什么也得不到；埃尔恩会得到 2 枚金币（唐的投票权比埃尔恩的要便宜一点）。这个方案将以 3∶2 的形式投票通过。这些海盗将在海上继续抢劫，直到海枯石烂。

表 4-4　亚伯的金币分配方案

亚伯	本	卡尔	唐	埃尔恩
97 枚	0 枚	1 枚	0 枚	2 枚

　　这最后的分配看起来有些奇怪。如果我们请五个数学系的学生来做这个实验，是否会得出同样的结论？如果是请心理学系的研究生来做这个实验呢？心理学家又是如何处理各种可能性的呢？

　　参与者能否结成联盟并达成协议？如果能，这个博弈看起来会如何？数学解决方案总是假设所有的玩家都聪明且理性，但这一假设本身是否聪明呢？又是否理性？我观察了这个博弈很多次，从未见过参与者达成数学解决方案。这意味着什么？数学解决方案忽视了如嫉妒、屈辱感或幸灾乐祸这类重要的情绪。情感因素能否改变数学计算？

　　海盗博弈事实上是最后通牒博弈的多人博弈版本。如果你觉得这个博弈很奇怪，那么你会怎么看以下博弈？

博弈二　死去的富人

　　一位非常富有的老人去世了，留下两个儿子：萨姆和戴夫。① 兄弟俩合不来，他们已经有 10 年没有见过面或是说过话。现在他们在自己父亲家中相聚，聆听父亲的遗愿和遗嘱。

　　父亲的律师打开信封，念出了这份独特的遗嘱。这位父亲留

---

① 这个故事基于一个名为"蜈蚣"的游戏，由罗伯特·罗森塔尔于 1981 年首次提出。

给他的两个儿子 1 010 000 美元的遗产，以及可能的分配结果。

在第一个分配方案（见表 4-5）中，哥哥萨姆可以立即拿走 100 美元，给弟弟留下 1 美元，再将剩下的遗产全部捐给慈善机构（这将是一大笔善款）。

表 4-5　第一个分配方案

萨姆	戴夫
100 美元	1 美元

萨姆没有义务一定要接受这个方案，而且可以将难题留给他的弟弟戴夫。如果由戴夫来处理这笔钱，他可以拿走 1 000 美元，萨姆得到 10 美元，剩下的捐给慈善机构。这是第二个分配方案（见表 4-6）。

表 4-6　第二个分配方案

萨姆	戴夫
10 美元	1 000 美元

但是现在应由戴夫决定是否拒绝。他可能会给萨姆机会，来决定是否有另一个更好的分配方案，即萨姆拿走 1 万美元，给戴夫 100 美元，剩下的钱捐给慈善机构（见表 4-7）。

表 4-7 第三个分配方案

萨姆	戴夫
1 万美元	100 美元

然而，萨姆不必接受这个选项，他可能将难题再留给戴夫，而这一次戴夫可能自己拿 10 万美元，给萨姆 1 000 美元，而捐给慈善的部分不断缩水（见表 4-8）。

表 4-8 第四个分配方案

萨姆	戴夫
1 000 美元	10 万美元

当然，这个并不是最终结果。戴夫可能决定让萨姆再次分配这笔钱，但分配方式如下：自己拿 100 万美元，给他讨厌的弟弟 1 万美元，一分钱也不捐给慈善机构（见表 4-9）。

表 4-9 第五个分配方案

萨姆	戴夫
100 万美元	1 万美元

那么，你认为现在会发生什么？同样，这个问题也可以通过

逆向归纳法来解决。每个人都能看出，这个博弈绝不可能持续到最后一个（第五个分配方案），即戴夫让萨姆拿走100万美元，因为这将使他自己的收益从10万美元降到1万美元。萨姆知道这一点，因此，他不会让这个博弈采用第四个分配方案，那时萨姆只能拿到1 000美元，而不是第三个分配方案的10万美元。现在继续分析，能看到他们也不会采用第三个分配方案……也不会采用第二个分配方案。这很让人吃惊，但假设兄弟俩都是同一种类别即理性经济人（也就是他们都是精于算计、只知道照顾自己的人），这个博弈在提出第一个分配方案就会结束，其中萨姆拿到100美元，给戴夫1美元，剩下大部分的钱捐给慈善机构（不良的用意也可能导致慷慨的结果，兄弟俩没准会得到神圣的奖励）。这是数学解决方案，萨姆有100美元，戴夫1美元，大部分钱捐给慈善机构。

这个解决方案到底符不符合逻辑？由你来判断。

博弈三　巧克力和毒药博弈

这是一个相当简单的游戏，也被称为"巧毒博弈"。我在这里用的"巧毒博弈"的规则应感谢已故的美国数学家大卫·盖尔（David Gale）。这个博弈在一个方格棋盘上进行，棋盘上每一块方格都由巧克力做成，但左下角的一块方格含有一剂毒药。规则如下。

开局的玩家在任意一块方格上标明 X（见图4-1）。

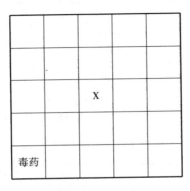

图 4-1　巧毒博弈①

一经选择，标上 X 的方格的右方和上方的全部方格都会自动标上 X（见图 4-2）。

		X	X	X
		X	X	X
		原始 X	X	X
毒药				

图 4-2　巧毒博弈②

接下来，由另一位玩家在剩下的方格中任选一个标上 O。标注后，这个方格右方和上方的方格也会自动标上 O（见图4-3）。

		X	X	X
		X	X	X
		原始 X	X	X
			O	O
毒药		原始 O	O	

图 4-3　巧毒博弈③

之后，第一个玩家在另一个方格上标上 X，使这个方格及其右方和上方的方格（如果还有的话）也变成 X。之后第二个玩家再在一个方格上标上 O，所有在其右方和上方的方格（如果还有的话）也变成 O。这个游戏不断进行下去，直到其中一个玩家因被迫选择毒药而输了博弈并"死去"才结束。

你可以在7×4（7行4列，或4行7列）的棋盘上玩这个游戏。

如果游戏是在一个正方形（行与列的数量一样）的木板上进行，那么这里有一个策略可以让那个开局的玩家永远是赢家。你发现了吗？花上三分钟时间思考一下。

解决方案：让我们假设琼和吉尔在玩这个游戏。如果琼是开局的玩家，她应坚持以下策略直到成功。第一步，她应选择毒药右上方斜对角的方格（见图4-4）。

	X	X	X	X
	X	X	X	X
	X	X	X	X
	X 琼	X	X	X
毒药				

图4-4　巧毒博弈④

现在她需要做的就是对称地跟随她的对手：也就是说，她会和吉尔选择同样的方格，只是在棋盘的对侧。图4-5可以更好地说明。

现在如何赢得这场博弈已经显而易见了。

如果这个博弈在一个长方形的棋盘上进行，情况就会变得复杂得多。但我们仍然可以证明，开局的玩家依旧拥有获胜的策略。问题是我们的证据并没有详细说明这个获胜的策略。数学家将这类证据称为"非构造性存在证明"。

O	X	X	X	X
O 吉尔的 选择	X	X	X	X
	X	X	X	X
	X 琼	X	X	X
毒药			X 琼的应对	X

图 4-5　巧毒博弈⑤

博弈四　不适合老年人的游戏

　　我在我的家乡立陶宛维尔纽斯的初中里，学到的最宝贵的技能之一，就是上课时在纸上玩战略游戏而不被老师发现。我很喜欢三连棋游戏（也叫拼字游戏）的"无限"版本。这个游戏让我熬过了那些枯燥无味的课堂。

　　我想我们大多数人都熟悉三连棋游戏的经典版本，就是在3×3的方格上进行，这对 6 岁以内的孩子来说非常有吸引力。大一点的孩子（以及成年人）通常打成平手，除非一个玩家在游戏过程中睡着了（这也说得过去，毕竟这是个无聊的游戏）。

然而，在"无限"版本中，这个游戏的棋盘有无数的格子，而游戏目标是创造出连续的 5 个 X 或者 O，而且和原来的版本一样，方向可以是垂直、水平或者对角。玩家轮流用 X 或者 O 来标注格子（按照事先约定），而最先完成五连棋的玩家获胜（见图4-6）。

			O								
		X	X	O						O	
X	O	O	X				O		X		
O	X	X	X	O			O	X	X	O	
		O	O	X	X			X	X	X	
	O		X								

图4-6 "无限" 版本三连棋

在图4-6的左侧，X 玩家已经获胜。

在图4-6的右侧，虽然轮到 O 玩家下棋，但他仍然无法阻止 X 玩家获胜。你知道为什么吗？

当时在学校，我曾以为自己发明了这个游戏，但没过多久我就意识到并不是这样。我发现，在日本和越南有一个风靡多年的游戏同这个很像，那个游戏叫五子棋（Gomoku）。Go 在日文中就是五。虽然五子棋和围棋可以用同样的棋盘，但这两种游戏是不相关的。围棋是一种古老的中国游戏，孔子在《论语》中曾有提及，但后来被日本人介绍到西方，因此大家只知道它的日语名字。

虽然我拥有在课堂和课间（课间玩棋意思不大，因为本来这个时间就可以玩）玩三连棋游戏"无限"版本的大量经验，但是我仍然不确定先下棋的棋手（X棋手）拥有最优获胜战略，也不确定如果两个高手对弈，将总是平局（或者事实上永远结束不了）。然而，我愿意打赌说一定存在获胜战略。当我将来退休并有了充足的时间后，我会试着为先下棋的棋手找出获胜战略。当然，老实说，我已经几十年没有玩这个游戏了。只是在写本书的时候，我才回忆起来。鉴于我重新研究这个游戏战略部分的计划还比较久远，你们可以先开始研究，找出这个战略，为我省下时间和精力。

博弈五　信封的反面往往更绿

想象以下场景。我的面前有两个装有现金的信封，我被告知其中一个里面的现金是另一个的两倍。我可以任选一个拿走。这听起来像是世界上最简单的博弈了。我怎么可能输呢？

假设我选了一个信封，打开，发现里面有 1 000 美元。我一开始还挺高兴，但之后我开始想另一个信封里的内容——我没有选中的那个。当然，我不知道里面有什么。它可能是 2 000 美元，这意味着我做了糟糕的选择，但它也有可能是 500 美元。经过思考后，我得出以下结论："我不高兴，因为我没选的那个信封里的潜在金额的平均值比我现在拿到的钱要多。毕竟，如果它里面有 2 000 美元和 500 美元的概率是均等的，因此，平均值是 1 250 美元，这比 1 000 美元要多。我自己算得出来！"

事实上，我从信封里无论拿到什么都能证明墨菲定律，即"会出错的事情总会出错"。平均来看，没有选中的信封会永远比我选中的要好。如果我的信封里面有 400 美元，那另一个里面可能有 800 美元或 200 美元，平均值就是 500 美元。如果这样想，我永远不可能选对。没选上的收益将比我的收益永远高出 25%。所以，如果我在检查另一个信封内容之前再次面临这个选择，我会改变主意吗？如果我那样做，我会进入一个永不停歇的循环。为什么一个如此简单的选择会变得这么复杂？

事实上，刚才我给你讲的故事也是一个知名的悖论，它最早是由比利时数学家莫里斯·克莱特契克（Maurice Kraitchik, 1882—1957）提出的，只不过他讲的是关于领带的故事。两个男人争论谁的领带更好看。他们找到第三个人——比利时著名的领带专家——作为裁判。这位专家答应了，但提出一个条件，赢的人需要将他的领带作为安慰奖送给输的人。这两位领带主人简单考虑了一下并同意了这个提议，因为他们都这样想："我不知道我的领带是不是更好。不管怎样，如果我赢了，那我会输掉我的领带，但如果我输了，我会赢一条比我自己更好的领带。所以这个赌博对我有利。"两个竞争者怎么能够相信他们都占优势呢？

1953 年，克莱特契克给出了这个故事的另一个版本，涉及另外两个好争论的比利时人。他们不戴领带，因为他们吃了太多的比利时巧克力，以至于领带让他们感到无法呼吸。他们就用钱包里的东西相互挑战，并决定他们中间更富裕和更开心的那位应将自己的钱包给对方。如果他们不分胜负，那就回去继续吃巧克力。

同样，他们都相信自己占有优势。如果他们输了，拿到的奖金会比自己赢时给出的赌注多。这是一个好的游戏吗？你可以试试和大街上的陌生人做这个游戏，看会发生什么。1982 年，马丁·伽德纳在《啊哈！原来如此》一书中使这个故事一举成名。这本书是关于智慧思考的最优秀、最简洁和最有趣的著作之一。

巴里·纳莱巴夫（耶鲁大学管理学教授）是一位重要的博弈论专家，他在自己 1989 年的文章中提供了这个故事的信封版本。

奇怪的是，即使是在今天，这个博弈也没有一个能让所有统计学家达成一致的解决方案。解决提议之一涉及用几何平均而不是算术平均。几何平均数是指两个数字乘积的平方根。举例说，4 和 9 的几何平均数是他们乘积（即这两个数字相乘）的平方根，也就是 6。现在，如果我们在自己的信封里发现有 X 美元，知道另一个信封里会有 2X 或者 X 的 1/2，那么另一个信封里的几何平均数将是 X，而这正好是我们手里美元的数额。使用几何平均数的逻辑就是，我们事实上是在说相乘（两倍）而不是相加。如果我们说一个信封比另一个信封里要多 10 美元，我们会使用算术平均数，找出来，得出的结果毫无矛盾，因为如果我们的信封里有 X 美元，而另一个里面有 X+10 或者 X−10，那么没有选上的信封里的算术平均数是 X。

那些学过概率课的学生会说，你"不能均匀分配一组有理数"。这听起来是不是让人印象深刻呀？

如果你不能理解这意味着什么，也完全没问题，因为这个悖论的最佳版本与概率没有任何关系。这最后的版本在美国数学家、哲学家、古典钢琴家和音乐家雷蒙德·M. 斯穆里安的精彩著作《撒旦、康托和无穷》（*Satan, Cantor and Infinity*）中出现了。斯穆里安展现了这一悖论的两种版本。

1. 如果在你的信封里有 B 张纸币，那么你会得到 B，或者将你的信封替换成另一个信封，你会得到 B 的 1/2。因此，你应该换过来。

2. 如果两个信封里分别装有 C 和 2C 金额的钱数，而且你选择用一个换另一个，那么你会要么得到 C，要么失去 C，因此你得与失的概率是平均的。

困惑吗？其实我也困惑。

无论怎么样，很多保持悲观的人认为这里不存在悖论，这就是生活，无论你做什么或是去哪里，有不同的选择总会更好。例如，如果你结婚了，或许你认为自己应该单身。毕竟，安东·契诃夫写过："如果你害怕孤独，请不要结婚。"但是，如果你因此选择单身，你又错了。圣经中第一次出现"不好"这个表述是在《创世记》（2：18），其中说："这个人独居不好。"上帝都这么说了，不是我说的。

博弈六　金球

《金球》（*Golden Balls*）是一个英国的电视游戏节目，2007—2009 年播出。我们不会详细探讨游戏的规则和步骤，但在游戏的最后一步，会剩下两个玩家商量如何在他们之间分一定数量的钱。每个玩家都有两只贴有标签的球，一只球标着"分"，另一只标着"偷"。如果他们都选择"偷"这只球，那两人最终什么也得不到。如果他们选的球不一样，那么选那个标着"偷"的球的人会拿走奖金。玩家可以在选择之前讨论一下他们的处境。

表4-10　金球游戏

	分	偷
分	(X/2, X/2)	(0, X)
偷	(X, 0)	(0, 0)

根据游戏规则，我们做出了表4-10。简单看一眼就明白，如果每个玩家只考虑自己的收益，那么选"偷"比选"分"好。问题在于，如果两个玩家都这么做，那么二者皆输。（是的，这和你也许已经知道的囚徒困境很相似。我们稍后会讨论这个著名的困境。）

在大多数情况下，玩家会说服彼此选择"分"，这种办法有时候是有用的。YouTube（优兔）视频网站上有很多关于这个游戏的视频，其中会展示不少让人伤心的场面，一些游戏玩家信任他们的对手而选择了"分"，但结果发现他们上当了。

一天，一位名为尼克的玩家提出一个与众不同的方法。尼克告诉他的对手易卜拉欣，他会选择"偷"，并乞求易卜拉欣选择"分"，承诺在游戏结束后他会平分得到的奖金（这期奖金为 13 600 英镑）。易卜拉欣不相信自己听到的。尼克反复承诺他会作弊，同时坚持说他提前说出来则表明他基本的诚信。易卜拉欣应相信自己能得到另外一半的钱。"你选'分'不会损失什么，"尼克告诉他，"你只会获益。"在那一刻，玩家被要求停止谈话并拿起所选的球。

易卜拉欣选了"分"，但尼克也选择了"分"。他为什么这么做？尼克非常确信他能说服易卜拉欣与他合作并选择"分"，给他留下在游戏结束后分钱的麻烦。

你不得不承认，尼克或许能获得"年度最佳战略家"称号。

这个游戏不仅关系到谈判战略，也关系到玩家间的信任。

博弈七　错综复杂的棋类游戏

以下博弈仅适用于下棋和数学爱好者。

很多人认为博弈论诞生于 1944 年，即规范书籍《博弈论与经济行为》出版之时。这部书的作者是美国伟大的匈牙利裔数学家约翰·冯·诺依曼（1903—1957）和经济学家奥斯卡·摩根斯特恩（1902—1977）。（但博弈论解决的问题可以说是自古就有。

我们可以在《塔木德》《孙子兵法》，以及柏拉图的作品中找到。）然而，一些人认为博弈论自德国数学家恩斯特·策梅洛（1871—1953）在 1913 年提出下棋定理"国王博弈"时就已形成，"要么白方有必胜之策略，要么黑方有必胜之策略，要么双方也有必不败之策略"。也就是说，他指出只有三种选项。

1. 白方有一种策略，一旦遵循，它总是获胜。
2. 黑方有一种策略，一旦遵循，它总是获胜。
3. 黑方和白方有一套策略组合，一旦遵循，双方总是打成平局。

当最早读到这个定理时，我记得当时在想："噢，这可真聪明……真新鲜……这位德国思想家告诉我们要么白棋会赢，要么黑棋会赢，或者他们的游戏会打成平局。而我呢，还在想是不是会有更多其他的选项……"只有当我开始读他的论证时，我才理解这个定理到底是讲什么的。

事实上，策梅洛证明了国际象棋游戏与有限（3×3）井字棋没有什么不同。正如此前提到，如果井字棋的两位玩家没有暂时精神错乱（有时候确实会发生），所有的游戏总是会打成平局。没有其他的选项。即使一开始不断失败的玩家，最终也会找到一种不败的办法，这使这个已经很无趣的井字棋游戏变得和读一本字体不变的书一样枯燥。

策梅洛试图证明国际象棋（以及其他博弈）和井字棋几乎一模一样，它们只有着数量上，而非性质上的不同。

在国际象棋中，"策略"是对可能在棋盘上具体化的任何情境做出的一套反应。显然，两个棋手之间会有大量的策略。让我们将白方（第一棋手）的策略标上 S，而将其对手的标上 T。正如策梅洛定理指出的那样，只存在三种可能性。

要么白方有一种策略（我们姑且叫 S4），用这种策略，无论黑方怎么走，他总是能赢（见表 4-11）。

表 4-11　国际象棋的白方赢棋策略

	S1	S2	S3	S4	……	Sn
T1	B	W	B	W		B
T2	B	X	B	W		W
T3	W	W	B	W		W
T4	B	W	W	W		W
……					W……W	
Tm	B	B	W	W		X

注：W＝白方赢，B＝黑方赢，X＝平局。

或者黑方也有一种策略（我们称为 T3），用这种策略，无论白方怎么走，他总是能赢（见表4–12）。

表4–12 国际象棋的黑方赢棋策略

	S1	S2	S3	S4	……	Sn
T1	W	X	W	B		W
T2	B	B	B	W		B
T3	B	B	B	B		B
T4	W	W	B	W		X
……					……	
Tm	W	W	X	W		B

或者双方有一种策略组合，如果遵循这些策略，博弈总会打成平局（正如井字棋一样，见表4–13）。

表4–13 国际象棋的平局策略

	S1	S2	S3	S4	……	Sn
T1	W	B	X	X		W
T2	B	B	X	X		B
T3	X	X	X	X	X……	X
T4	W	W	B	X		W
……				X……		
Tm	B	B	W	X		W

如果真是这样，人们为什么要下棋？为什么还会觉得有意思？

事实上，当我们下棋或看别人下棋时，我们不知道自己面对的是三种情况中的哪一种。超级电脑在未来也许能够给出正确的策略，但我们距离那一步尚远，因此觉得国际象棋始终如此有趣。根据美国数学家和密码学家克劳德·香农（公认为"信息理论之父"）的计算，国际象棋中变化数量达到 10 的 43 次幂。看一下这个数字：10 000 000 000 000 000 000 000 000 000 000 000 000 000 000。很多人认为，计算机用于测试国际象棋可能性的时间范围超过了最现代的技术所能达到的时间极限。

一次我和 2012 年国际象棋冠军鲍里斯·格尔凡德共进午餐。我告诉他，就在几年前，我这样一个差劲的象棋手可以打败电脑程序，但今天电脑可以轻而易举地战胜我，这实在让人尴尬。他评论说，人类棋手与电脑棋手的差距越来越大，现在电脑程序可以轻松地打败最强大的人类棋手。这一差距如此之大，以至于人类对抗电脑的比赛已经没有任何意义了。在象棋比赛中，人类已经遭受惨败。格尔凡德大师最终总结道，如今，人类与强大的电脑程序（也被称为"机器"）对弈就如同与一头大灰熊摔跤一样是不明智的。

人与人之间的对弈则要有趣得多。

在我们的年代，当象棋大师们对弈时，有时候先走棋的选手会赢，有时候后走棋的选手会赢，有时候他们会打成平局。

棋手和理论家通常一致认为，先走棋的白方会有微弱的优势。统计学家也支持这一观点：白方会比黑方持续多赢那么一点，概率约为 55%。

棋手就双方能否有一场全胜的比赛，白方永远赢或是比赛永远平局，已有过长时间的辩论。他们认为黑方没有获胜策略［和这一流行的观点相反，匈牙利国际象棋大师安德拉什·阿多尔然（András Adorján）认为白方占据优势的观点是一种错觉］。

作为一个退休且不成功的棋手，我的猜测是如果每位棋手都不出错，则比赛将永远打成平局（就像井字棋一样）。在未来，电脑会测试所有的相关选项，并判断我关于平局的猜测是否正确。

有趣的是，科学家仍然无法就策梅洛定理达成一致。这个定理的原文是用德语写出来的，如果你曾阅读过德文的科学或哲学作品（黑格尔就是一个很好的例子），你会对其含义的模糊毫不惊讶（多么幸运，我们当前的科学语言是英语）。

重点　凯恩斯选美大赛

想象一份假想的报纸正在举办一场比赛，要求参与者从 20

张照片中选出最吸引人的脸蛋。那些选出最受欢迎脸蛋的参与者将获得奖励——终身免费订阅报纸、一台咖啡机以及一枚荣誉奖章。

我们将如何参与这场比赛？让我们假设我们最喜欢的照片是2号。我应该给它投票吗？是——如果我想把自己的观点公之于众。不——如果我想要免费订阅报纸、咖啡机和奖章。

伟大的英国经济学家约翰·梅纳德·凯恩斯（1883—1946）在他的著作《就业、利息和货币通论》中的第12章描述了这场比赛的一个版本。他指出，如果我们希望得奖，就需要猜出哪张照片会受到大多数读者喜欢，这是复杂性的第一层级。但是如果我们想要更加复杂，我们应跳至第二层级，试图猜一下其他参与者会认为哪张照片会被别人选为最美脸蛋。正如凯恩斯所说，"我们应将我们的智商集中在预测普通人认为的普遍观点是什么"。当然，我们还可以跳至第三层级或者更高层级。

凯恩斯当然不是在说照片，而是在谈论如何在股市里获利，他的观点是类似的行为都是有效的。毕竟，若我们因为自己认为一只股票很好，而想买这只股票，我们会显得很傻。还不如把这笔钱藏在床垫下或是存起来。股票价值不是在它好的时候上涨，而是当足够多的人认为它好的时候，或者是足够多的人认为足够多的人相信它好的时候，它才会上涨。

亚马逊的股票就是一个很好的例子。2001 年，亚马逊的股票价值比全美其他书商的股票加起来还要高——甚至在亚马逊真正赢利之前。它的股票会涨是因为很多人认为，或很多人都相信亚马逊会赢利。

接下来的游戏就是凯恩斯观点的很好案例。阿兰·勒杜（Alain Ledoux）为使此版本流行做了很多努力，并在 1981 年将其发表在法国杂志《游戏与战略》（*Jeux et Stratégie*）上。

阿兰·勒杜的猜字游戏

房间里的一群人被要求每人在 0 到 100 之间选一个数字。完成后，游戏组织方找出所选数字的平均值，并乘以 0.6。结果将是目标数字，选到的数字最接近目标数字的人将会赢得一辆奔驰车（它们可以被降价销售）。

你要选什么数字？稍微花时间想一想。

有两种选择的方法：规范法和积极法。

在规范法版本中，我们会假设其他所有参与者都是聪明且理性的，我们应该选 0。原因如下。我们假设所有人都随机选择数字，平均值预计将会是 50，50×0.6 = 30，因此要想赢下这场比赛，应当选择 30。但请等一下。如果每个人都想到这一点了呢？那么平均值就会是 30，因此我们应选 18 （30×0.6 的结果）。但如果每个人也想到这一点了呢？那么平均值就是 18，因此我们应选择 10.8 （18×0.6 的结果）。当然，这个故事不会就此结束，如果我们继续按这个方向走下去，最终我们会选择 0。

选 0 的策略就是纳什均衡（我们会在下一章接触到这个非常著名的概念），意味着一旦我们意识到每个人都选择了 0，我们没理由不这么做。

选择 0 是规范性的建议：也就是说，如果我们相信其他所有人都聪明而且理性，这就是一个合理的选择。但如果他们不是这样，我们该怎么做呢？

这个游戏的积极玩法基于一个事实：要想猜出普通人选择数字的分布是很难的，其中心理和直觉所扮演的角色比数学更重要。

在一些情况下，人们往往不理解这个游戏。例如，一位世界一流大学的教师选了 95。他为什么这么选？我是说，即使出于一些奇怪的原因，你相信每个人都会选择 100，这个平均值应当是 100，那么可以想象的最高获胜数值将是 60。当然，当所有其他玩家都选择更加奇怪的策略——选择 100 时，这个奇怪的选项（95）仍然可能获胜。

一次，一位物理学教授向我解释说，他选 100 是为了提高平均数值，从而惩罚他的那些选择小数字的超级聪明的同事。"他们应当认识到，生活不是一场野餐。"

我本人已经尝试这个游戏超过 400 次，但仅有一次（在一小群拥有超凡数学技巧的孩子中间）发现 0 获胜。当一组都选择小数字时，就意味着这一组的组员比其他组更多地想到了问题，并认为该组的其他成员也会这么想。

显而易见，很多不同的因素决定了参加实验的游戏玩家所选的数字。在我所教授的一些经济课上，我的学生参加这个游戏得到的分数一直很低，直到有一天我意识到：他们还是不够积极。但是，由于我无法在每次做这个游戏时奖给他们一辆小型奔驰车，所以我对他们说，我会给获胜学生的成绩单上额外加 5 分。于是，他们的游戏分数立马提高。

试着和你的朋友玩这个游戏。小心不要太失望。

第五章　婚姻介绍人

在这个章节中，我们会学习纳什均衡，以及它在不同情境下是如何表现的——从婚介策略到母狮子与水牛之间的斗争。我们也将学到，搭配两个数量相当的男人团体和女人团体，同时绝对排除不忠的算法，是如何获得诺贝尔经济学奖的。

酒吧里的金发女郎

2015 年 5 月 23 日，伟大的数学家和诺贝尔奖得主约翰·纳什和他的妻子艾丽西亚，在挪威领完享有盛名的阿贝尔奖之后，在回家途中被一场车祸夺去了生命。

在《美丽心灵》这部基于约翰·纳什生平而拍摄的电影的前半部分，我们能看到以下场景。纳什和他们的几个朋友坐在酒吧里，这时一个金发白肤女郎和几个浅黑肤色的女人走了进来。电影导演朗·霍华德不太相信观众的智商，于是明确说明这位金发女郎是最美的，而其他几位女人则稍显逊色（电影里就是这么表现的）。纳什和他的同伴决定对这位金发女郎展开追求，但纳什在思考了一会儿后阻止了所有人，并且一口气说出了他的战略观点。"我们的策略是有问题的，"他说，"如果我们都去追求这位美女，我们最终只会妨碍彼此。因为人们一般很难接受一个女孩和五个男人一起离开酒吧，那个女孩当然也不会在第一次约会时就这样做，我们中的任何人都不会得到她。所以当我们之后再去找她的同伴时，她们也不会搭理我们，因为没人想当第二选择。但如果我们都不找那位金发女郎呢？我们不会妨碍彼此，而且也不会侮辱其他的女孩。这是唯一获胜的方法。也是我们都能满足的唯一办法。"

在他说服朋友接近美女是一个不好的策略之后，那位金发美女独自一人待在那儿。纳什轻而易举地赢得了她，其实自始至终这都是他的计划。当他的同伴愤怒而苦涩地坐在酒吧的一角，不明白自己是如何钻进这个圈套时，纳什走向那位美女，和她聊天，甚至由于某些原因而感谢她（或许是因为突然涌现出来的数学点子），但之后他很快把她留在了原地。制片人的想法似乎是想将纳什塑造成一个大大咧咧的科学家，对公式的兴趣要大于对女人的兴趣。甚至有些人会说，数学家就是发现其他东西比性爱更有趣的人。

这一幕在这部电影中出现是有原因的。这个故事在博弈论中有类似的情境。请继续读下去吧。

择偶策略

想象在房间内有 30 位男士和 30 位女士，他们需要成双成对出现。从清晰的角度考虑，配对机制严格按照异性组合的原则。每位男士都会拿着一张标有数字的便条，数字 1~30。这些男士从这些女士中挑出自己最喜欢的一位（当然，你也可以想象出一个由女士挑选男士的博弈。不管怎样，请记住，这只是一个博弈）。然后，每位男士向他选择的女士递一张标有他数字的便条。收到便条的女士必须从向她递便条的男士中选出她最喜欢的一位。收到多张便条的女士必须从中选出一位，而只收到一张便条的女士必须与递给她便条的男士配对。

在理想的世界中，结果应该相当明显：男士每人挑选不同的女士，每位女士都收到唯一的便条，博弈结束。然而现实远非如此理想。通常情况下，当我介绍这个博弈时，人们会对我说："我知道会发生什么。总会有那么一位女士收到所有男人的便条。"但是，让我们不要一下子就得出如此极端的结论。亚里士多德说过，真相总在两个极端之间的中间部分，但很少就在正中间。

一次，我给一家高科技公司的员工介绍这个博弈。一位参与者（有数学博士学位）举手说她非常清楚这个博弈，并且已经思考了好几年。她向我介绍了她的洞见，她说，在一般情况下，收到便条的女士数量大致会是参与博弈的女士数量的平方根。我并没有继续询问这个平方根公式，因为我不想我的讲座因此失控，但让我们对她表示尊重并假设确实有5位女士收到便条。是的，我知道30的平方根比5大，但我们必须记住那些女士的数量只能是整数。在这种情况下，每位女士收到便条的平均数量将是6，但这并不是在告诉我们如何分配。现在收到便条的女士必须选出她们最喜欢的男士与她配对，并带他到大楼的顶层，参与为所有新组建的情侣而举办的晚会。

当他们离开房间，这个博弈将以同样的方式在剩下的25位男士和25位女士中间继续进行。

注意：如果你有心脏病，我建议你略过下一段。

如果不是因为人类抑制机制自动启动，那些留在房间的人大概在博弈的早期阶段就已经十分难受了。此时，房间中所有的男士知道自己已经无法赢得自己真正渴望的女士，因为她不喜欢他们，而且很有可能已经在楼顶上同自己选择的男士相拥而舞。那么现在我有机会教一堂简单的心理学课，它是一个非常简洁而又深刻的内容，基本观点是："每当一个朋友成功时，我就会死去一点。"课程结束。留在房间的女士也有理由感到低落，因为她们知道并没有男士真正想选择她们。毕竟，首选的女士现在正在楼顶上开派对呢。这很令人伤心。幸运的是，我们有着极好的抑制反应，因此博弈可以继续，就像没发生什么不好的事情一样。

现在剩下的 25 位男士向剩下的 25 位女士中他们看上的那位递便条。假设有 11 位女士收到便条，每一位现在选出她们最喜欢的男士。博弈者的数量再次减少，直到房间里一个人也不剩。

这样，这个故事最后组成了 30 对完美的配对。目前看起来非常清楚简单。真是这样的吗？

不完全是。为了展示游戏的复杂，我亲自参与进来。当我走进房间，看到一位非常美丽的女士坐在其他参与者中间时，我大喜过望。我们暂且称她为 A（例如，是演员安吉丽娜·朱莉或模特阿德里亚娜·利马或安娜·卡列尼娜的名字的首字母）。我当然喜欢她，因此从直觉上看，把我的便条递给她会是个好主意。但我真的应该这么做吗？一想起纳什的同伴在那家酒吧里的悲惨遭遇，我意识到我应当再想想。如果我那么喜欢她，那么其他男士也喜欢她是合乎情理的，这意味着她将收到几乎全部 30 位男士的便条，而不仅仅是我的便条。因此，她会反过来选我的概率实际非常渺小。我可能会遭到拒绝，并进入第二轮，那时我会去找我的第二选项，在此我应给她起一个浪漫的名字：B。同样，我很有可能无法赢得B的芳心，因为被A拒绝的大多数男士现在会盯住可爱的B女士。这样我会继续往下跌落，直到最终落入Z的怀中。

好吧。我们都知道这个意思。那么我应该如何参与这场博弈？最合理的策略是什么？它基于什么原理？如果选择我的第一选项太冒险，也许我应在第一轮中做出一点妥协，选择D——也就是我的第四选项。

犹太人有句谚语："如果你开始不做出一点妥协，你将在最后做出一个巨大的妥协。"

那么，就这么决定了：我选择D。但如果每个人都熟悉这条我刚才给你们的建议，而都给自己列表上稍微靠后的女士送便条的话怎么办？在这种情况下，很有可能A不会得到任何便条。如果我不利用这个机会就太可惜了。你记得电影中的纳什是如何说服他的朋友放弃，从而使他可以赢得美女的吗？

重要建议：在做决定之前，问问你自己如果每个人都和你的想法一样，会发生什么。同时记住，并非所有人都和你有一样的想法。

事实是，这会发展成一个更有意思的情境。假设房间中所有男人，除了约翰尼，都上过有关博弈论、决策，甚至是多变量优化的课程。在想该怎么办时，他们都忙着进行复杂的计算。他们告诉自己："我们不应该给 A 递便条，因为上述原因，她不会选择我们，我们会被降级到第二轮，届时情况也不会更乐观。以此类推。"当所有男士都这样想时，约翰尼并没有使用他的思考工具。权衡选择并不是他的选项。约翰尼环顾四周，看到 A，决定给他喜欢看到的这位女士递便条。事实上约翰尼赢得了她，仅仅因为他是唯一向 A 递便条的人（这个故事也可以说明一些你可能知道的奇怪夫妻组合的情况）。

是的，约翰尼赢得了 A 恰恰是因为他缺少复杂性。当我为高管们举办研讨会时，我喜欢给他们展示一个同样的经济模型，其中最不聪明的参与者（我会把自己放入这个角色中）在和相对聪明的参与者（高管）竞争时会获得最高的收益。

纳什均衡（和最勇敢的母狮子）

现在似乎是定义博弈论（以前被称为"游戏理论"）基础概念——纳什均衡——的合适时间。让我对它进行更加不那么精确的定义（有时候稍微的不精确可以帮助避免冗长的解释）：纳什均衡是假设所有参与者只能控制自己的决定，没人能从改变当前策略中受益的情境。

我们也可以这样说：纳什均衡是假设所有参与者仅能控制自己的决定，他们不会改变自己决定的一组策略，哪怕已经提前知道其他参与者的策略。

例如，在择偶游戏中的妥协策略不是一种纳什均衡，因为如果所有参与者都做出妥协，你不应当妥协：事实上，你应当将你的便条递给 A。

我相信你们已经意识到，如果所有参与者都将便条递给 A，这也不是纳什均衡。

那关于与朋友一起分担账单的晚餐呢？点便宜的菜会是纳什均衡吗？那点昂贵的菜呢？如果每个人都点菜单上最贵的菜呢？这是纳什均衡吗？好好想一想，直到你确定自己的答案。

最后，还有一个例子可以对纳什均衡概念予以说明。它来自动物行为领域。谈动物似乎更加容易，因为在某种程度上，动物看起来很理性，也就是说，除了人类以外的所有动物通常都会理性地行动。这也说明为什么分析人类行为会比分析其他物种的行为更加困难。

这个例子取自我曾经偶然在电视的科学频道上看到的一个场景：一只母狮子袭击一个由上百头水牛组成的牛群，那只被袭击的水牛和其他的水牛都仓皇而逃。和任何聪明的人一样，我问我自己，它们为什么要逃？显然，一百头水牛比一只母狮子要更加强壮。它们需要做的就是转过身来，朝着母狮子的方向冲过去，这样不需要多长时间水牛群就会战胜那只母狮子。

它们为什么不这么做呢？我思考着，但马上我想起了纳什。逃离母狮子是纳什均衡的绝佳案例。请听我解释。假设所有的水牛都逃离母狮子，而只有一头水牛——我称它为乔治——在想："科学频道正在拍摄我呢，这个频道收视率很高（乔治是一头大草原上的水牛，因此对收视率还不太理解），所以我不能逃跑。万一我的孙子看到了怎么办？"（乔治如果像我，它可能会担心它的母亲会看到。）于是我们可爱的乔治决定转过身，猛烈攻击那只觅食的狮子。它做了明智而正确的决定吗？绝对不是。这个决定不仅错误，同时也是乔治做的最后一个决定。母狮子一开始看到乔治冲过来确实很惊讶，但它很快从吃惊中恢复过来，于是几分钟过后乔治就死了。当整个水牛群逃离母狮子时，最佳的策略就是跟着跑。这个策略不能变。因此，在这种情况下，逃跑就是纳什均衡。

现在，让我们假设水牛群决定对母狮子进行反击。这也不是纳什均衡，因为如果提前知道水牛群要对母狮子进行反击，那么那只没有加入反击队伍的水牛显然将会受益。毕竟，即使整支水牛群开始进攻，其中一些水牛也会冒着受伤甚至死亡的风险。因此，我们可能会看到另一只名叫雷金纳德的水牛朝着它那些突击中的同伴叫道："我的鞋带刚才开了。我没法加入你们的进攻队伍了。你们赶紧去，别管我!"雷金纳德受益了，因为它不冒任何风险。

逃离母狮子是纳什均衡。当所有水牛都在逃离，每一个水牛都会从一起逃跑中受益，前提是它只能决定自己的行为。这确实也是我们常常在自然中看到的情境。同时，袭击母狮子不是纳什均衡，因为当每头水牛都进攻时，这是你系鞋带的绝佳时机。这也是我们在自然界中很少看到这种反击策略的原因。

当一个独狼恐怖分子或者一小撮恐怖分子试图劫持一架载有很多乘客的飞机时，类似的事情是否也会发生呢?

第二次世界大战纪录片反复播出这样一个场景：一排排的德国战俘在雪地里前行，只有两个懒散的红军士兵看管他们。我常常在想，为什么这些德国俘虏不袭击看管他们的士兵? 有可能是因为红军士兵对这些德国囚犯解释过，袭击他们会偏离纳什均衡，尽管那会儿纳什自己还没有想出这个理论。（请记住，当他们被禁止说话时，这些战俘只能控制自己的决定。）

纳什均衡的好处在于，很多博弈，无论它们的起点是什么，最终都会以纳什均衡点结束。在某种程度上，这与纳什均衡的定义——一种由参与者持续维持的稳定情境——密切相关。当然，这只有在没有外界干预和其他参与者不受影响的情况下才能实现。

那么，我们又怎么解释鬣狗与水牛不同的行为呢？鬣狗群通常袭击单独的狮子或者其他比它们更大、更强壮的动物。毕竟，袭击一头狮子可能不会使鬣狗受益。或者说，这种行为也许对整个鬣狗群体有益，但涉及每匹鬣狗个体的决定，它停下来"系鞋带"才对它更好。因此，它们为什么，以及如何组织起来袭击狮子呢？这一困境往往让我很苦恼，因为鬣狗就像从没听说过纳什一样……这简直就是纯粹的无知。

科学频道再次拯救了我。一个纪录片显示一群鬣狗在外出狩猎前围成一个圆圈，在嚎叫和发出其他声音时一致地摆动着身体，就像篮球队经常做的那样。它们让自己进入一种疯狂的状态，并在非常愤怒、口吐泡沫时发起进攻——也就是说，它们在不能选背叛策略时才会一起进攻。因为当你对某种东西入迷而疯狂时，你是不会背叛你的同伴的……这就是事实。这也许解释了远古部落的狩猎舞和战舞的源起。否则，每一个个体都会自然地想："一头猛犸象？算了吧，伙计。事情会变得一团糟。不要用箭射它，收起你的长矛。它不值得这么做。"但如果他们都这么想，那他们将永远无法捕到一头美味的猛犸象，而且很有可能会被饿死。人类需要合作，和鬣狗一样，围成一个圆圈，手里拿着长矛，变得疯狂，然后出去狩猎。

同样，我们应当记住，不仅仅对人，对动物也一样，事情永远不会像看起来那么简单。2008 年，YouTube 网站上最受欢迎的视频之一是《克鲁格的战役》。这是一个业余的视频，拍的是一群非洲母狮将一头小水牛从水牛群中孤立出来，并将其逼入河中，这样它们就能吃小水牛的肉了。然而，正当那些母狮子向小水牛逼近时，一条鳄鱼从河里冲出来，试图抓走那头可怜的小水牛。母狮子群奋起反击，重新夺回了小水牛。但就在小水牛变成母狮子群的午餐点心时，水牛群回来，它们猛烈攻击母狮子群，把它们赶走，并救回了小水牛——使故事（对水牛而言）有了一个圆满的结局。

如何解释这个故事？我不知道。因为水牛很少接受媒体采访。

不管怎样，我们应永远记住这条精彩的建议（特别是你继续阅读本书时）：大多数事情比它们看上去要复杂，即使你认为你能理解这句话。

让我们回到择偶问题上。所有择偶游戏参与者都会问自己一个问题：我的目标是什么，我期待自己从这个博弈中得到什么？事实上，这是参与任何博弈时都应当提出的问题。

在确定策略前知道你的目标很关键。我常常看到一些人没有定义自己的目标就开始参加博弈。记得柴郡猫曾对爱丽斯说，如果你不介意去哪儿，"那么你选择哪条路也就不重要了"[1]。当你选择你的策略，或者选择你的道路时，你的目标才非常有关。举例说，如果择偶游戏中的一位参与者遵循恺撒·波吉亚（Cesare Borgia）原则，即"要么恺撒，要么什么都不要"——也就是说，不管怎样他都要 A——那么，他的策略就很明显了。他可以把便条递给安吉丽娜并虔诚祈祷。没有其他的方法。如果他不把便条递给她，那他肯定得不到她。他肯定不会达到自己的目标。

运用上述效用函数[2]的参与者会享受风险。从另一方面说，如果一个参与者的目标仅仅是为了不至于落到与 Z 共舞的下场——除了 Z 谁都可以（规避风险的参与者）——他的可选策略也很清楚。假设在意愿图表上，Y 的排名比 Z 高一格，那么规避风险者会一开始就把便条递给 Y——在第一轮就这么做。当然，事情总是比第一眼看上去要更加简单。如果许多其他参与者都决定他们的效用函数是"除 Z 以外的任何人"，那该怎么办？在此情况下，Y 会得到超出自己预料之外的一堆便条

---

[1]　引自英国作家刘易斯·卡罗尔的童话《爱丽斯漫游仙境》。——译者注

[2]　效用函数是对偏好的一种测量。它为所有可能的结果赋值，称为"效用"。偏好的结果会获得更高的值，不同的人被认为有不同的效用函数。

（她会疑惑，是什么让她突然一下变得如此受欢迎）。

不仅这个博弈该如何进行不甚清楚，我们也不容易描述出其基本的假设。男人对女人的品味如何分布？在两种极端的情况下，所有男人要么视所有的女人一个样，要么会出现排序混乱的情况，但这两种假设显然是不现实的。实际的分布应当介于两种情况之间。而男人的自尊因素又怎么计算呢？同样，男人愿意冒风险的程度应如何分布？简言之，在我们开始用数学方式解决这个博弈之前，我们需要进行很多准备工作，也需要考虑很多不确定因素。

《圣经》上说，上帝用七天创造出整个世界。根据犹太人的传统，自此之后上帝就开始忙着给男女配对。你应该可以猜出确保每个人都找到合适的伴侣是多么困难。

稳定婚姻问题
（ 关于相爱的伴侣、欺骗和诺贝尔奖 ）

婚姻介绍人的问题 （ 续集 ）

佐薇是一个婚姻介绍人，她有一份列着 200 个客户的名单，其中包括 100 位男士和 100 位女士。每一位女士都给佐薇提供了一份名单，上面按着自己的喜好将这 100 位男士进行了排序。位居名单之首的是"白马王子"，之后则是她们的第二选择，以此类推直到第 100 位。佐薇名单上的 100 位男士也对女士名单进行了同样的排序，按喜好把她们排列出来。

　　现在，佐薇需要为每位客户找一位异性进行配对，并确保他们都能结婚、建立家庭并幸福地生活在一起。显然，她客户中有些人不会和他们的第一选择在一起。如果名单上的一位男士首先被两位或者更多的女士所选，那么总会有人退而求其次。但是即使没有男士会被一位以上的女士选为最佳伴侣，并且没有哪位女士会被一位以上的男士选中，也无法保证都能皆大欢喜。

　　我们现在考虑以下案例（为简洁和示范效果，我将故事简化成只涉及三位男士和三位女士）。

　　男士的选择如下。

- 罗恩：尼娜、吉娜、洋子
- 约翰：吉娜、洋子、尼娜
- 保罗：洋子、尼娜、吉娜

　　女士的选择如下。

- 尼娜：约翰、保罗、罗恩
- 吉娜：保罗、罗恩、约翰
- 洋子：罗恩、约翰、保罗

在上面这个例子中，每位男士的首选都是不同的女士，而每位女士也都选择不同的男士。虽然每个人的选择都不同，但没有理由不担心。我相信你知道为什么。

只有当每位女士首选的男士也认为，这位女士就是他的梦中情人的时候，这对配偶才会幸福并享受皆大欢喜。例如，如果保罗爱吉娜，而吉娜也爱保罗；如果尼娜迷恋罗恩，而罗恩也仰慕尼娜；约翰是洋子的白马王子，而约翰也愿意为了洋子赴汤蹈火。在这种情况下，我们可能获得以下的选择。

男士的选择如下。

- 罗恩：尼娜、吉娜、洋子
- 约翰：洋子、尼娜、吉娜
- 保罗：吉娜、洋子、尼娜

女士的选择如下。

- 尼娜：罗恩、约翰、保罗

- 吉娜：保罗、罗恩、约翰
- 洋子：约翰、罗恩、保罗

如果三位男士都选择了同样的女士会如何？

男士的选择如下。

- 罗恩：尼娜、吉娜、洋子
- 约翰：尼娜、吉娜、洋子
- 保罗：尼娜、洋子、吉娜

你认为佐薇会怎么做？

如果三位女士交的名单完全一样又怎么办？

女士的选择如下。

- 尼娜：罗恩、约翰、保罗
- 吉娜：罗恩、约翰、保罗
- 洋子：罗恩、约翰、保罗

佐薇可能会遇到很多麻烦……

现在让我们假设我们有 10 位女士和 10 位男士。让更多的人得到自己的第一或者至少第二选项；或者让尽可能少的人和自己的最后选项配，以上两种情况哪种更好？

这个问题没有明确的答案。

然而，佐薇是一个现实的女人。她知道绝不可能保证皆大欢喜，所以她给自己定下尽可能保守的目标。她的挑战是使配对的双方尽可能稳定，不会出现一方不忠的现象。

在现实意义上这意味着什么呢？为防止出现不忠的现象，佐薇必须确保组成的一对不存在其中一方受外部因素强烈吸引的现象。保罗和尼娜、罗恩和吉娜就是一组很好的例子。我们假设保罗喜欢吉娜甚于自己的妻子尼娜，而吉娜喜欢保罗超过她的丈夫罗恩。那种组合使背叛变得不可避免。请注意，如果保罗喜欢吉娜甚于自己的妻子尼娜，只要吉娜爱自己的丈夫而非保罗，她就会断然拒绝保罗的求爱。

如果保罗想要吉娜甚于想要自己的妻子尼娜，而吉娜对保罗也有同样的感觉，同时不喜欢自己的丈夫罗恩，那么如果罗恩选择尼娜而不是吉娜，而尼娜喜欢罗恩而不是保罗，这个问题就能轻松解决。我们需要做的就是拆开原来的配对（保罗和尼娜、罗恩和吉娜），并组建两对全新且更快乐的伴侣：罗恩和尼娜、保罗和吉娜。

稳定婚姻（盖尔-沙普利） 算法

在 1962 年，著名的美国数学家和 2012 年诺贝尔经济学奖得主、经济学家罗伊德·沙普利与已故美国数学家、经济学家大卫·盖尔（我们在巧毒游戏那章中提过他）曾经演示过，如何使同样数量的男人和女人相互配对，并且不出现背叛的情况。很重要的一点是，我们必须理解他们的运算法则并不保证幸福，只保证稳定。因此，也有可能尼娜嫁给保罗的同时还想着约翰，但算法确保约翰爱他的妻子胜于尼娜。这并不意味着约翰的婚姻很幸福，他也有可能想着其他的女人，但即使这样，这个算法也能确保那个他想着的女人会选择自己的丈夫而不是他。以此类推……

盖尔-沙普利算法很简单，且包含有限数量的迭代（四舍五入）。让我们看一下它在四位男士——布拉德·皮特、乔治·克鲁尼、罗素·克劳以及丹尼·德·维托，四位女士——斯嘉丽·约翰逊、蕾哈娜、凯拉·奈特莉、阿德里亚娜·利马的例子中如何运作。这个算法在任何相同数量的男士和女士案例中同样有效。

表 5-1 为男士的选择。

表5-1　男士的选择

	1	2	3	4
布拉德	斯嘉丽	凯拉	阿德里亚娜	蕾哈娜
乔治	阿德里亚娜	蕾哈娜	斯嘉丽	凯拉
丹尼	蕾哈娜	斯嘉丽	阿德里亚娜	凯拉
罗素	斯嘉丽	阿德里亚娜	凯拉	蕾哈娜

表5-2 为女士的选择。

表5-2　女士的选择

	1	2	3	4
斯嘉丽	布拉德	罗素	乔治	丹尼
阿德里亚娜	罗素	布拉德	丹尼	乔治
蕾哈娜	布拉德	罗素	乔治	丹尼
凯拉	布拉德	罗素	丹尼	乔治

我不会给你解释这个运算法则，但我会告诉你这个在现实中是怎么运作的。

在第一轮中，每一位男士向排在自己名单上首位的女士求爱。这样，布拉德、罗素接近斯嘉丽，丹尼去找蕾哈娜，而乔治给阿德里亚娜打电话。

每一位女士选择列在自己名单最高位置的男士——如果有一个以上追求者的话。如果只有一位男士主动追求，那么他就是她的对象；如果没人找她，她就在这一轮中保持单身。因此斯嘉丽选择布拉德，因为她给布拉德的打分高过罗素。

让我们现在看看组成了几对伴侣。请记住，这只是暂时的，他们只是订婚，而不是结婚。

布拉德-斯嘉丽，乔治-阿德里亚娜，丹尼-蕾哈娜

在第二轮中，那些还没有配对的男士向在自己名单上排名最前且没有拒绝他们的女士求爱。唯一还没有配对的男士是罗素（他碰巧在朗·霍华德的电影中扮演诺贝尔奖经济学得主约翰·纳什），于是他向阿德里亚娜求爱。由于阿德里亚娜更想要罗素而非乔治，因此她取消了与乔治的订婚，同时宣布与罗素订婚。现在，我们有以下几组配对：

布拉德-斯嘉丽，罗素-阿德里亚娜，丹尼-蕾哈娜

现在唯一单身的男士是乔治，他向蕾哈娜求爱，后者愉快地接受了他，因为在她的名单上，乔治排名比丹尼靠前。于是：

布拉德-斯嘉丽，罗素-阿德里亚娜，乔治-蕾哈娜

丹尼现在单身了。他去找斯嘉丽，但她选择布拉德。再来一轮，什么也没变。之后，丹尼想对蕾哈娜再赌一把，但她和乔治在一起很满足。丹尼很沮丧且面临危机，他试了试凯拉，后者张开双臂拥抱了他。凯拉已经单身太久，因此即使丹尼也能让她满意。

这个算法在此终结，即所有的男士都被拴住（且显然所有的女士也订了婚，因为这两组人都在数量上对等）。因此最终入围的是：

布拉德-斯嘉丽，罗素-阿德里亚娜，乔治-蕾哈娜，丹尼-凯拉

他们从此幸福地（或至少积极稳定地）生活在一起。

我们很容易接受，通过盖尔-沙普利算法而形成的配对将保持稳定，但为清除所有的疑问，让我们证明这一点。如果你们不是特别喜欢逻辑分析和证明，而且如果你相信盖尔-沙普利算法无论如何都有效，那么你可以直接跳入下一章。

很高兴你还在这里。现在开始证明。

这个证明由三步构成：第一，我们会看到算法告终；第二，我们会证实每人都能配对成功；第三，我们会证实每一组配对都是稳定的。

1. 显然，这个运算不会无限进行下去。在最糟糕的情况下，所有男士都向每一位女士求爱。

2. 显然，订婚男士的数量将总是与订婚女士的数量相等。一旦一位女士订婚，她会一直保持这种状态（即使订婚对象不是同一位男士）。此外，任何一组的任何人在最后都不可能保持单身。简言之，如果罗恩把尼娜放在自己的名单中（即使她是他的最后选择），那么即使没有其他男士选尼娜，罗恩最后也会选她。这样，这个运算确保没有人不被配对。

3. 这个运算法则也确保这些伴侣的稳定吗？是的——而且我们将证明这一点。假设洋子是约翰的妻子，而尼娜是保罗的妻子。那么，有没有可能洋子会选择保罗，而保罗会喜欢洋子超过自己的现任配偶呢？这样会把我们带到一种接近背叛的境地。

下面，我们会假设这种情况是可能的，然后遭遇一个障碍——一种逻辑矛盾以证明上述情况实际是不可能的。

我们假设存在一种不稳定性——我们有两对伴侣：保罗和尼娜、约翰和洋子。而保罗喜欢洋子，洋子也喜欢保罗，他们对彼此的倾心程度都超过对自己的现任伴侣。根据这个算法，保罗应在去找尼娜之前，先去找洋子（因为根据我们的假设，洋子在他最初名单上的排名比尼娜要高）。现在，可能出现两种情况：第一种，洋子接受保罗；第二种，洋子拒绝保罗。

如果出现第一种情况，为什么洋子不愿意和保罗生活在一起呢？可能她选择了排名更靠前的人——约翰或者其他人。不管怎样，她现在和约翰在一起，这意味着约翰的排名比保罗高。这就是刚才预示的逻辑矛盾。如果出现第二种情况，洋子拒绝保罗，因为她想要一个更好的男人——约翰或者其他人，但她现在和约翰在一起的事实就证明了约翰的排名比保罗靠前。同样，最早的假设是存在矛盾的。

简言之，运算法则告终，每个人都有一个配偶，而这些配对都是稳定的。

如果女士都根据自己的喜好选择男人，会发生什么情况？那就是刚才男演员的例子就会产出完全一样的配对。因为我们在此只有一对稳定的配对。

然而，不会永远都是这样。如果有超过一对稳定配对，当女士做出选择时，就会形成不同的配对。

"在爱情中说到坏选择是不对的，因为只要有选择存在，就只会是错误的。"

——马塞尔·普鲁斯特

性别的战争（第二轮）

现在该回到这章开始时提到的案例，并提醒我们各种性别的选择。

男士的选择如下。
- 罗恩：尼娜、吉娜、洋子
- 约翰：吉娜、洋子、尼娜
- 保罗：洋子、尼娜、吉娜

女士的选择如下。
- 尼娜：约翰、保罗、罗恩
- 吉娜：保罗、罗恩、约翰
- 洋子：罗恩、约翰、保罗

仔细考虑一下，我们就能清楚地发现这个案例只需要进行一轮。男士会向他们的第一选择递纸条，从而形成如下配对：罗恩–尼娜、约翰–吉娜、保罗–洋子。仅此而已。显然，他们都很稳定，因为所有的男士都找到了梦想中的女神。对于男士而言，这是最优方案。然而，所有女士得到的都是她们的最后选择。她们不可能满意。

如果由女士向男士递纸条，仅一轮就能产生以下配对：洋子–罗恩、吉娜–保罗、尼娜–约翰。同样，这里的每一位女士都赢得了她们最喜欢的男士，而男士不得不和自己的最后选择共度余生。

因此，我们可以理解，这个游戏使在第一轮中递纸条的一方占有优势。

另外，我们这里有另一组稳定的配对：尼娜–保罗、吉娜–罗恩、洋子–约翰。你们可以检验一下他们的稳定性——检测一下背叛的情况不会在此发生。

没有模式的足球运动员

盖尔–沙普利算法并不复杂，但也不是不重要。如果我们放弃两性假设，转而假设四位足球运动员在一场重要比赛前需要两人一屋过一晚上，关于如何找到一位共处的室友，我们可能找不到一种稳定的解决办法。

表 5-3 是四位足球运动员及其选择。

表 5-3 四位足球运动员及其选择

	1	2	3
罗纳尔多	梅西	贝利	马拉多纳
梅西	贝利	罗纳尔多	马拉多纳
马拉多纳	罗纳尔多	梅西	贝利
贝利	罗纳尔多	梅西	马拉多纳

看看这张表，你就会发现，这里并没有稳定的配对。

诺贝尔奖得主是……

盖尔-沙普利算法有很多应用方法。其中最著名的用法之一是将医学院的毕业生分配到医院里实习。我想，你已经猜出医院赢得了第一提议者的角色（在此还存在一些法律诉讼问题悬而未决）。另一个"稳定婚姻问题"的重要应用是，在因特网服务中将使用者分配到不同的网络服务器。

2012 年，埃尔文·罗斯和罗伊德·沙普利因稳定分配理论和基于盖尔-沙普利算法的市场设计实践而获得诺贝尔经济学奖。

盖尔于 2008 年去世，因此未能收获奖项，而罗斯在为盖尔-沙普利算法找到其他重要的应用后，也领取了一个奖项。罗斯也是新英格兰肾脏交换项目的发起人。

插曲　角斗士博弈

角斗士博弈是我最喜欢的博弈之一。我在教授概率或博弈论时总会使用它。现在，我把这个博弈主要推荐给真正的数学爱好者。

这个博弈是这样的。有两组角斗士——分别是 A（雅典人）组和 B（野蛮人）组。让我们假设 A 组由 20 位角斗士组成，而 B 组由 30 位角斗士组成。每一个角斗士都有一个标识号，它是一个正整数，表明角斗士的力量大小（比方说是他可以举起的公斤数）。这些角斗士以决斗的方式互相打斗。他们的获胜概率如下：当一个力量是 100 的角斗士对抗一个力量是 150 的角斗士时，他的胜算是将"$100 \div (100 + 150)$"，因为角斗士力量越强，他获胜的概率越大。如果决斗的两个角斗士力量相当，当然他们的获胜概率是 50%，而且他们之间的差距越大，越强壮的角斗士的胜算就越大。

每一组都由一位教练来决定角斗士出场的顺序，但只会决定一次。他可能会最早或最晚派出自己最强壮的选手，但不管怎样，决斗获胜者会回到队尾，等待下次出场——你无法让你最强壮的选手一直出场。现在，当一场比赛结束时，失败者会退出比赛，而获胜者则吸收失败者的力量——也就是说，当角斗士 145 击败角斗士 130 后，后者会退出比赛而前者会被重新命名为角斗士 275。当参赛一组用完所有的角斗士时，博弈结束，该组也自然宣布失败。

那么，这里最好的策略是什么？参加决斗的角斗士的出场顺序应该是什么？（在读下去之前，请你们花点时间想一想答案。）

答案相当让人惊讶：你们完全不需要教练。角斗士出场的顺序无论怎样也不会改变胜算率。胜算率等于一组角斗士力量之和除以两组角斗士的力量之总和。

请证明。（提示：刚开始不要用一般的情况——那会很难。开始时用一个雅典角斗士和两个野蛮角斗士；然后检查一下，在用两个雅典角斗士和两个野蛮角斗士的情况下会发生什么……我希望你能找出一个模式。你可以通过归纳法解决这个问题。）

我无法说这种练习会给团队运动的教练提供任何重要的启发。显然，教练很重要，但有些时候这个重要性被过高估计了。

第六章　教父和囚徒困境

用这一章来介绍所有博弈论中最受欢迎的一个博弈——囚徒困境。我们会审视这个博弈的每个方面，包括"重复"的囚徒困境版本，同时学习一些重要的事情：自私的行为不仅在道德上是有问题的，在很多情境下，也是战略不明智的。

博弈论的最著名和最受欢迎的博弈是囚徒困境。它来源于20世纪50年代梅里尔·弗拉德（Merrill Flood）和梅尔文·德雷希尔（Melvin Dresher）为兰德公司做的一个实验。阿尔伯特·塔克（Albert Tucker）在1950年的讲座中提到了这个在斯坦福大学心理学系所做的实验，博弈的名字也由此而来。有无数的文章、书籍和博士论文是关于这一主题的，我相信哪怕在学院之外，也很少有人从未听说过。

在这个博弈受欢迎的版本中，让我们假设有两个人，暂且称他们为A和B。他们被逮捕后，处于监禁中。警察怀疑他们犯了可怕的罪行，但并没有确凿的证据。因此，警察需要与他们谈话，最好让他们说一说彼此。现在，A和B被告知，如果他们都决定沉默，两人都会因一些较轻的指控，如盗窃或其他一些不法行为，而服刑一年。检察官想和他们做个交易：如果他们其中一人背叛另一人，这个人会马上获得自由，而另一个人则会因为被证实的罪行而服刑20年。如果每个人都指控对方，则他们都要服刑 18 年（其中因协助指控而减刑 10%）。

表 6-1 总结出了博弈的规则（数字表示监禁的年限）。

表 6-1　博弈规则

	囚徒 B		
		沉默	背叛
囚徒 A	沉默	1，1	20，0
	背叛	0，20	18，18

数学家称这种图表为博弈矩阵——他们不喜欢使用诸如"表格"或"图表"等术语，因为担心普通人可能会理解这些内容。

坦白地说，目前为止听起来这是一个非常无聊的故事，也很难让人理解为什么这么多人会写这个故事。当我们开始研究博弈怎么进行下去时，事情才开始变得有趣。一眼看去，结论很清楚：他们应保持沉默，用一年的时间花纳税人的钱，如果他们成为模范犯人，甚至可以在一年内重获自由。然后故事结束。如果事情就这么简单，没有人会关心囚徒困境。事实是，这里任何事情都有可能发生。

为理解困境，让我们先站在 A 的角度想一想：

我不知道 B 可能说什么或已经说了什么，但我知道他只有两个选择：沉默或背叛。如果 B 保持沉默，而我避而不答，那我会在监狱待一年；但如果我背叛了他，我可以一走了之。我是说，如果 B 决定闭口不谈，我可以走掉。我当时真应该把他扔到车子底下。

另外，如果 B 放弃沉默而我保持沉默，我会烂在监狱里。20 年时间真是太漫长了，所以如果他招了，我也应该招。那样只会关我 18 年。比 20 年强，不是吗？

我知道了。背叛不管怎样都是我的最佳选择，因为我要么可以一天牢都不坐，或是少服刑两年。两年就是 730 天的自由时间。我不傻！

正如我上面谈到的，这是一个对称的游戏，即两个参与方都是平等的。当然，这意味着 B 也会在一间牢房里花时间做同样的计算，并得出同样的结论，意识到背叛才是他的最佳选择。这告诉我们什么呢？两个参与者都理性地照顾着自己，而结果对双方都很糟糕。游戏规则让他们都坐了 18 年牢。我甚至可以想象到一年后，A 和 B 在监狱操场里散步时，奇怪地看着对方，挠挠自己的脑袋，同时在想："这一切是怎么发生的？太奇怪了。如果我们对'囚徒困境'的概念及其玩法更了解，我们现在就可以是自由人了。"

A 和 B 错在哪里？他们真的错了吗？毕竟，如果我们按照这一逻辑，可以看到两人大概都没有做错：每个人都选择首先关照自己利益，同时意识到背叛才是他们最好的选择，无论另一个囚徒会怎么做。所以他们都背叛对方，而且都没有因此受益。事实上，他们都遭受了损失。

你们现在应该已经意识到了结果——博弈参与方按照背叛策略同时付出代价（18，18）——同样也是纳什均衡。

纳什均衡是一组策略组合，参与者事后都对自己选择的策略及造成的结果不后悔（参与者仅能控制自己的决定）。

也就是说，如果另一位参与者选择背叛，我也应当这样做。这个（18，18）结果是纳什均衡，因为一旦两个参与者都选择了背叛策略，如果其中一人在最后一刻决定他还是保持沉默，那么他会被监禁 20 年而不是 18 年——他会失败并抱憾终身。同时，他不会后悔选择背叛策略——纳什策略。所以问题不在于赢或者输，而是在知道对方选择的情况下，不后悔自己的选择。

另外，沉默并不是纳什策略，因为如果你知道另一个参与者也选择了沉默，你若背叛了他，自己的结果会更好。这样，你的刑期被取消，而且你比选择沉默时的收益要更大。这个案例显示，除此之外，纳什策略可能不是明智的，因为你原本很可能只需要囚禁 1 年，而结果被囚禁了 18 年。事实上，囚徒困境存在一种在个人、个体理性和集体、群体理性之间的冲突。每个人做出了他自己最好的选择，但作为一个群体……他们两败俱伤。

当参与者做出自己的最佳选择，完全不考虑他的行为会对其他参与者带来的后果时，结果对所有人都是灾难性的。在很多情境下，自私的行为不仅在道德上有问题，在策略上也是不明智的。

所以，我们如何解决这个难题呢？

这里有一个选择：假设 A 和 B 都不是普通的囚犯，而是一个强悍犯罪集团的成员。从他们宣誓效忠之日起，教父就警告他们：“你们可能听说过囚徒困境，甚至读过相关的研究论文。所以我现在必须告诉你们，我们中间不会有背叛策略。如果你背叛了组织中的其他成员，你将会在很长的时间里保持沉默……这个时间有可能是永远。而且你不会是唯一被迫沉默的人，因为我们的人会让所有你关心的人都沉默，永久地沉默。你知道，我喜欢沉默的声音。”

在得到这条信息之后，基本不存在什么困境了。两个囚徒都会避而不答，甚至会因此受益，因为他们只需要服刑一年。

这意味着，总体上看如果我们把选项减少，实际上结果会更好，这与普遍的观点——更多选择往往会更好——相冲突。所以，当教父命令他的下属变得又聋又哑，结果对两个犯人都好……虽然这不利于警察和遵纪守法的公民。

另一个可以解决囚徒困境的可执行协议的例子是使用汇票。汇票是商业界的一个工具。交易方 A 发出一张票据，要求其银行在 B 发出的货物与 A 和 B 签署的提货单完全一致时，才支付给交易方 B 一定的金额。这样，交易方 A 允许银行对他自己和交易方 B 进行监管。一旦 A 将钱存入银行，他就不能再欺骗（背叛）B 了，因为只有银行才可以决定 B 的货物是否符合票据要求，而不是由 A 来决定。然而，如果交易方 B 选择欺骗（背叛），他拿不到一毛钱；而如果 B 遵循协议（保持沉默），发出的货物与 AB 之间达成的协议一致，B 将会收到全款。

在现实生活中，人们常常面临类似的困境，而且结果显示，在生活中和在模拟游戏中，人们确实倾向于相互背叛。

就连歌剧作曲家贾科莫·普契尼的作品《托斯卡》也包含一个典型的双向背叛的囚徒困境。邪恶的警长斯卡比亚向托斯卡做出承诺，如果她愿意委身于他，他就不会杀害她的爱人：他只会使用空包弹。但他们都欺骗了对方。托斯卡用刀刺伤了斯卡比亚，而斯卡比亚则用真子弹射死了托斯卡的爱人。托斯卡最后自杀身亡。这是一个多么经典的歌剧结尾！还有伟大的音乐！

在囚徒困境中，也许同样在《托斯卡》中，即使参与者同意不背叛对方（因为他们对这一困境很熟悉），他们也很有可能难以遵守协定。假设在两个囚犯被各自关进监狱前，他们知道俩人会面临囚徒困境，并且决定即使有提议，也绝不会出庭做证：他们会保持沉默并服刑1年。然而，一旦他们分开，独自一人时，都会禁不住暗自怀疑，对方是否会遵守诺言。在这种情况下，结果将会相同：他们还是意识到背叛是更好的选项。如果A背叛B，A会一走了之；但如果两位相互背叛，他们仅服刑18年，而不是20年。因此，即使他们之前已经达成协议，他们还是会背叛。

这也许看起来毫无理性可言，造成了灾难性的后果。一个理性的囚犯或许会得出结论，如果另一个囚徒和他想的一样，而且他也认为18年的刑期比1年要糟糕得多，他会决定保持沉默。部分博弈论专家确实认为理性的参与者都会保持沉默。我个人并不能理解其中的原因。毕竟如果我身处这类情境，我不会对另一位参与者的想法做出这样不安全的假设，而且我会意识到背叛是我更好的选项。虽然我不愿承认，但我还是会背叛对方，因为他也会背叛我，我们都会被囚禁很多年，同时试图弄清楚到底哪儿出了错。

囚徒困境是否意味着人类永远无法合作，或者说至少在面临囚禁或类似威胁时？这种囚徒困境意味着什么？看起来这样的结论无法避免。在这类博弈中，以及在类似的情况下，人们总会互相背叛。另外，我们知道人们会相互合作，而且不仅仅是在和黑手党头目交心谈话之后。我们如何调和这一明显的矛盾呢？

当我刚开始思考这个问题时，我无法找出答案，直到我回忆在军队服役的经历，以及我在开始学开车时发生的事情。在我服役的那些年里，我总能请求人们帮我更大的忙，而且他们也常常给予积极答复。我可以请我的连队中的战友在一些任务中代替我的位置，甚至当轮到别人休假的时候自己回去休探亲假。之后我结束了自己的任期，并且拿到了驾照，实际上是相当迟了。我记得第一次开车出去，碰到一个停车标志，我停下来，等着有人让路并让我重新进入车流，但是……什么也没有发生。无数车开过，甚至没有一辆车减速让我进入车道。这意味着什么？为什么人们愿意为我做一些大的事情，在这里却不可能让他们为我做一件小事？只是稍微减一下速，这样我就可以继续开车？我一直找不到答案，直到我读到关于囚徒困境的一次性版本和重复版本的区别，我才恍然大悟。

　　我们必须区分那些只参加囚徒困境游戏一次、之后再不见面的参与者，和那些反复参与博弈的参与者。第一个版本不可避免地终结于相互背叛。然而，这与囚徒困境的重复版本（即重复博弈），本质上是不同的。当我向我的战友提出帮助的要求时，他们有意识或是下意识地知道我们会再次进行博弈，而且我会对收到的所有恩惠予以报答。在重复博弈中，参与者期待从偶尔帮助他人"获胜"中得到奖赏。但某人给我让路时，我没有时间停下来，记下他们的车号，从而可以在下次路上遇到时予以报答。这是难以实现的。然而，人们在面对罗伯特·阿克塞尔罗德提出的"未来阴影"时，更愿意进行合作——当我们期待进一步的接触，而且这确有可能时，我们会改变思考的方式。

　　在很多高管培训班上，有一个基于囚徒困境的热门试验。参加者被分成两人一组，每个人都拿到 500 美元，以及一堆上面标着 S（沉默）和 B（背叛）的卡片。同时他们被告知，以下的博弈他们会一起玩 50 次。这个博弈是关于尽可能少地损失美元，游戏的规则意在隐藏这其实是伪装的囚徒困境的事实。如果两个参与者都选择了 S 卡（并同意保持沉默），实验指挥人就会从他们手中的 500 美元中扣除 1 美元（如同被囚禁 1 年）；如果二者都选择了 B（同时相互背叛），他们都会损失 18

美元；如果一个选择了 S，而另一个选择了 B，后者就会保留所有的 500 美元，而前者钱包里会扣除 20 美元。我想强调一下：每一组都会持续进行这个博弈 50 次。

大多数玩家很快理解了规则——毕竟，他们是企业高管——但这对他们并没有什么帮助。由于没能看到重点，他们和那些只进行一次博弈的人有着同样的算计，并得出以下结论：无论对方如何做，背叛会是最佳选择。然而当他们继续博弈并损失 18 美元一次、两次、三次，甚至更多次的时候，他们意识到这个策略非常错误，因为如果他们持续 50 次损失 18 美元，他们不仅会失去全部的财产（最早的 500 美元），而且还会欠实验指挥人 400 美元。往往到这个阶段，也就是大多数人进行到第三轮时，我们开始看到参与者有合作的尝试。参与者策略性地选择了 S，并希望他们的对手也会受到暗示，同样这么做。只有这样，他们才可以保住自己 500 美元的绝大部分。

我认为以色列政治家阿巴·埃班的说法是正确的。他说："历史告诉我们，人们和国家只有在浪费了所有其他选项后，才会采取明智的行为。"

在重复的囚徒困境中，当我们接近第 50 次时，重点出现了。在此阶段，我可以告诉自己，不需要再发出想合作的信号了。毕竟，无论对方如何选择，如果我选择背叛，我会损失更少。一旦你开始这么想，你将会开始一个死循环：因为我相信第50轮的结果是不可避免的，我意识到自己不应该在第49轮时进行合作，我们很可能会背叛对方，所以我也选择背叛。这样的逻辑思维现在也同样适用于第48轮。现在我们有了一个新的悖论：如果两个参与者都很理性，也许他们应该在一开始就选择背叛。

因此，逆向推导也许并不合适，只能把事情变得更加复杂。这就是所谓"突击测试悖论"或是"老虎悖论"，情况如下。在一个周五的最后一节课上，老师宣布下周会有一次突击测试。学生都吓得半死，只有乔大胆地说："老师，你不能在下周进行突击测试。""为什么不行？"老师问。"这很明显，"乔说，"测试不可能在下周五进行，因为如果周四没有测试，我们会知道它一定会在周五进行，这样就不算突击测试了。周四也一样，因为如果周一、周二、周三都没有测试，我们已经排除了周五，那么测试一定会发生在周四——所以现在我们知道，老师，你对我们做不到突击。"

虽然突击测试的定义还不那么清楚，老师也被乔说服下周进行突击测试是不可行的，但他仍然选在周二对这些过于信任乔的逻辑的学生来了一次突击测试。

当这一逻辑在可知次数下被反复使用时，它同样也适用于囚徒困境（当我开培训班时，我往往不会事先说明博弈会进行几轮），因为参与者会和突击测试中的乔一样思考。那种回溯方式只会将我们带入一个死胡同。

之前提到的罗伯特·阿克塞尔罗德是密歇根大学研究政府科学的学者，但他同时也研究数学，并且因参与电脑化操作囚徒困境而出名（你可以在他 1984 年的著作《合作的进化》中读到这些）。他问了许多明智的人，请他们发来重复囚徒困境的明智策略，并将规则进行如下定义：如果两个参与者都保持沉默，每人得 3 分；如果两个人都背叛，每人得 1 分；如果他们意见分裂，背叛者可以得 5 分，而另一方得 0 分。阿克塞尔罗德宣称每一次博弈会有 200 轮，并要求人们给出应对策略。他说的"策略"是指什么呢？

在重复的囚徒困境中，有许多的策略可能性。"永远沉默"是最简单的策略之一，但这显然不明智，因为对手可以轻而易举地加以利用，使自己的背叛不受惩罚。"永远背叛"是一个更加困难的策略。这里还可以选择所有奇怪的替代策略，如一次背叛、一次沉默、扔钱币随机选择"沉默"或"背叛"。

你现在应当已经清楚，最佳策略应该是根据对手的选择来行动。确实，在第一个被奥林匹克电脑化的囚徒困境中，最佳战略被描绘成"以牙还牙"。它也是最简短的：在 Basic（培基）编程语言中仅占四行。

那个策略源于阿纳托尔·拉波波特（1911—2007），他出生于俄罗斯，在美国工作。根据这一模板，你在第一轮应当保持沉默——也就是装成好人。然后从第二轮起，你只需要重复对手在前一轮中的行为：如果他或她在第一轮保持沉默，那么你在第二轮也保持沉默。不必问你能为你的对手做些什么，而是问他们先对你做了什么；然后照葫芦画瓢。这个"以牙还牙"的策略平均可以得 500 分，这是相当高的。如果双方都选择沉默，他们每一轮都赢取 3 分，这意味着每次游戏赢 600 分已经非常好了。这个策略是得分最高的。

有意思的是，最复杂且描述最冗长的策略往往得分最低。第二次的比赛则突出"两次打击一次报复"：如果对方背叛了你，你会先让他们弥补自己的罪过，而当他们再次选择背叛时，你也会跟着选背叛。这比最初的"以牙还牙"策略甚至"更好"，但也许对你自己太好了，以至于得分相当低。

当听到"以牙还牙"策略时，那些对博弈论一无所知的人会抗议说："这是伟大的发现吗？这就是人们通常会做的事情呀。"毕竟，以牙还牙并不是什么让人震惊的诺贝尔级的数学发现，只是对普通的人类行为的观察：你对我好，我就对你好；

你对我不好，我也会这样对你；以牙还牙以及所有类似的行为。

阿克塞尔罗德进一步发现，以牙还牙策略要想成功，参与者必须遵循以下四项规则。

1. 扮演好人。永远不要做首先背叛的那个。
2. 永远要对背叛做出反应。盲目乐观不是好主意。
3. 原谅他人。一旦对手停止背叛，你也应该这样做。
4. 不要忌妒。会有个别几轮你没有取胜，但总体上你会取胜。

关于囚徒困境的另一个有趣的版本是当博弈由多个博弈者，而非只有两个博弈者参与的时候。多博弈者变体的案例之一是捕鲸业。所有经济在很大程度上依附于捕鲸业的国家都希望对其他国家的捕鲸业施加严格的限制（沉默战略），同时自己的渔民可以为所欲为地捕鲸（背叛战略）。这里的问题很明显：如果所有的捕鲸国家都选择背叛策略，结果对所有国家都会是灾难性的（且不说鲸鱼在这个过程中可能会遭受灭顶之灾）。这是一个多博弈者囚徒困境的案例。这同样适用于植树，或者更加平淡无奇的事务，如公寓楼物业费是交还是不交，这是个问题。当然，每个房客都希望，所有的房客都能交物业费——

当然除他们自己以外。如果是这样，一切都会很好——花园里鲜花盛开，大厅里灯火通明，电梯运转正常——而他们一分钱也不用花。当越来越多的房客（最终是所有的房客）开始想也许他们也不用交物业费，而且停止交费时，麻烦就出现了。可以想象这类公寓楼里的电梯和花园会变成什么样。

如果德国哲学家伊曼努尔·康德（1724—1804）今天还活着，他会建议我们用以下的绝对命令（这是我从康德原话中改编过来的）来解决这一困境："在你行动之前，想想这个问题：你希望你的行动成为一个普遍法则吗？"康德会期望公寓楼的房客说："我当然不想让逃避交费的想法成为被普遍接受的想法。因为那样结果会很难看，所以也许我们最终应该交费。"这很好，但在所有的房客熟悉康德的作品之前，我们最好引入一些关于收费的条例。当涉及收费和交税时，人们往往不是自愿交费的……即使他们已经读过康德。

西班牙哲学家何塞·奥尔特加·伊·加塞特在提到类似问题时曾说过，"法律脱胎于对人性的绝望"。

那么，重复多博弈者的囚徒困境的最佳策略是什么呢？当然，事情比过去要复杂得多。举例说，"以牙还牙"策略在这里就不适用。当我与一位对手对弈时，我知道他走完了，然后我会由此做出反应；但当我和 20 位房客对弈时——8 位没有交物业费，12 位交了物业费——我的"以牙还牙"策略会是什么呢？随大溜？等所有人交了我再交？一位房客交费是否可以说服我也交费？这在数学上和直觉上都很复杂，所以我们现在先把这个问题放一放。

第七章　企鹅数学

本章献给动物——它们是博弈专家，也是演化博弈论领域的明星。我们将讨论汤氏瞪羚（Thomson's gazelle）看起来奇怪的行为与利他主义的关系，加入企鹅寻找志愿者的队伍，并研究一个来自演化博弈论的定义，它更好地扩展了纳什均衡。

我认为演化博弈论是博弈论分支中最精彩的一支，旨在研究和理解动物的行为。

我之所以会被这个研究领域吸引，是因为和其他事物比起来，动物倾向于几乎完全的理性。现在，鼓励数学家制造出试图预测行为的模型的恰恰就是理性。看到这些模型与我们的自然现象相符的感觉非常好。

当我最早开始研究将博弈论应用于研究动物行为时，我处理的最有意思的一个问题就是利他主义。

在1976年出版的《自私的基因》一书中，理查德·道金斯提供了这样一个定义："如果个体在行为中以牺牲自身利益为代价，来增加其他个体的福利，那么这个个体……就是利他主义的。"也就是说，如果行为的结果是降低利他主义者生存的概率，那么这个行为就被视为利他主义。道金斯事实上在试图为利他主义提供可能的解释，因为这个现象看起来与他关于自私的基因的根本概念相冲突。他声称，有机体是基因的生存机器，这些基因希望在这样一个利己主义才是有利的竞争性世界中能进入下一代。毕竟，如果有机体只对将自己的基因及时遗传至下一代感兴趣（我们可以说自我复制是基因唯一关心的事情），利他主义者就不可能在进化和自然选择中幸存。然而，自然中有很多利他行为的例子，如母狮子用战斗来保护幼狮。道金斯提到汤氏瞪羚在发现捕食者靠近时上下跳跃（弹跳）而不是逃之夭夭，他认为，"这种在捕食者面前精力充沛且引人注目的跳跃类似于鸟类的报警信号，似乎是为了警告同伴危险降临，但同时显然将捕食者的注意力引到弹跳者自己的身上"。瞪羚的行为可被视为自我牺牲且极度危险，其唯一的驱动力是希望警告瞪羚群。这只是其中的两个例子。从蜜蜂到猴子，大自然还提供了许多例子。

正如上文所指出的那样，乍一看，利他主义似乎与道金斯的自私基因理论相违背，但事实上并没有矛盾，因为在野外并不存在真正的利他主义。为幼狮而战斗的母狮在个体层面上也许是利他的，但从基因上看，她的行为也是极度利己的，母狮竭尽全力保护它的幼兽，从而保护了自己的基因（或者说基因携带者）。

汤氏瞪羚的表演

但是，我们如何解释汤氏瞪羚的行为呢？一只羚羊看到了一头猎豹向兽群潜行过来，它有时候会上下跳跃，发出奇怪的声音，而且通常看起来是为了吸引捕食者。这是个好主意吗？难道它不应该和其他汤氏瞪羚一样逃走（显然更明智）吗？我们应如何解释这一现象？

不久前，动物学家认为"弹跳"是警告瞪羚群，但后来他们改变了看法。阿莫茨·扎哈维（Amotz Zahavi）教授是动物利他主义行为的研究者，他认为跳跃的汤氏瞪羚不是在试图警告瞪羚群，而是在向捕食者发出一条信息（或者用博弈论语言说是一个"信号"），仅此而已。如果翻译成人类语言，这条信息如下："捕食者，看这里。我是一只年富力强的汤氏瞪羚。你看到我跳得有多高吗？你注意到我优美的动作和敏捷的身体吗？如果你真的很饿，你最好去追另一只羚羊（或者是一只斑马），因为你捉不到我，你会继续饿下去。听我说，给自己找一些更容易的猎物，因为我今天不会成为你的盘中餐。"

那么真相是什么呢？羚羊跳起来是为了警告瞪羚群，正如之前自私基因理论家相信的那样，还是仅仅是为了寻求成为第一名？

这里有两个可能的答案。一个是数学解答，应用一个潜在的和似乎合理的模型，试图描绘一个给定的情境，看一下数学会给出什么样的答案。另一个更加简单，看捕食者在现实生活中会怎么做。观察显示，很少有捕食者会去捕捉弹跳的羚羊。显然，它们收到了信息。

一次，当我做关于动物王国里的数学模型的讲座时，听众里有一位男士站起来说："先生，您完全错了。您给出的模型也许很好，但它们太过复杂。我从来没有听说哪只汤氏瞪羚熟悉微分方程或演化博弈论，而且只有极少数狮子上过功能优化及分析的课。它们不可能听得懂您的讲座。"

我回答说，所有的汤氏瞪羚，而且几乎所有现存的捕食者，其实都很了解博弈论、微分方程和其他数学模型，只是它们对这些的理解方式和我们人类不一样。举例说，虽然我从未听说哪只蜗牛上过对数螺旋线的课，但很显然所有的蜗牛都善于此，而且做得非常优美。蜜蜂以最优方式建造它们的蜂房，但它们很可能没有应用数学的硕士学位。自然中的动物上不同的学校，它们有一个很棒的老师叫"进化"。它是一名优秀的教育家，但也很严厉。如果你失败了，哪怕只有一次，你就会被淘汰，不是被学校淘汰，而是被自然界淘汰。虽然残酷，这所学校却有着保留住最好学生的优势。

假设一只未接受教育的兔子有一天醒来，感觉它必须拍拍狼的肩膀，作为对自己的挑战。进化在淘汰这只兔子前是不会三思而后行的，因为它虽然让狼吃了一惊（同时享受它的恶作剧），但这只调皮的兔子犯了一个可怕的策略性错误。结果，那个导致犯错的兔子基因（如果兔子的这个行为确实由其基因决定——这一假设是存在争议的），很好地在狼的肚子里排成一行，无法抵达兔子的下一代。

我有时候在想，如果学生因为犯了一个大错，或是几个小错而被大学开除会怎么样。那样就只剩下很少的学生，但他们绝对是最棒的。也许这并不是一个坏主意。

羚羊的告别一跳

所有这些都让我思考。如果跳跃策略如此好，为什么所有的汤氏瞪羚并没有习惯性地弹跳？如果它们都这样做，过来寻觅晚餐的猎豹会尽情地享受这样令其惊讶的一幕：几十只汤氏瞪羚都在愉快地跳跃着，因为猎豹过来了。在自然界中为什么没有这样的演出？答案很简单。只有当你有退路的时候，你才有权力去炫耀。是的，年轻的瞪羚跳起来不难，但年老的瞪羚就其年龄而言可能跳得算高，但远不及以前灵活。它可能在最不方便的时刻损伤了自己的脊背，或者落地时太重，扭伤了脚腕甚至折断了一条腿。猎豹可能会对瞪羚的不完美有些惊讶，但很快这只年迈的弹跳者就会变成猎豹的点心。

企鹅和志愿者困境

很多年前我在电视上的自然频道看过一部很棒的纪录片，里面有一群企鹅抵达岸边寻找食物。它们的食物仅仅是那些在海洋里游的鱼。企鹅也可以在海里游。问题是海豹也可能在那里游泳，而且企鹅是海豹最喜欢的食物。最好的方案是有一只企鹅志愿者首先跳进水里，确保海里是安全的——表面上看。这是一个简单的"要么游泳要么沉底"的测试：如果志愿者从海水里出来，呼唤它的朋友加入，那么一切都很好；如果海水变红了，那么今天就没有午餐了，至少对企鹅来说是这样。自然，没有哪只思维正常的企鹅愿意当志愿者，所以它们都只是站在周围等待。

那种情境的数学模型是一种 N 玩家游戏，名为"志愿者困境"。从策略上看，这种情境不会形成纳什均衡，因为如果一个或者更多的志愿者挺身而出，你（你是企鹅）就不应当站出来。另外，空等既不是纳什均衡，也不是一个好的选项：你和所有其他企鹅在饿死之前还要等多久？现在，如果所有的企鹅都选择了永远等待的策略，你当志愿者是明智的，因为你只会获益。如果你和大家一起站在岸边，你肯定会饿死，但如果你跳进海里，可能一头海豹会把你吃了，或者如果旁边没有海豹，你就能吃到鱼而且活下来。这样，当志愿者实际给了你一些生存的概率。同时，你也已经看到，所有的企鹅都希望别的企鹅先跳下去。

志愿者策略不是纳什策略，因为如果每只企鹅都跳下去，那么最后这样做的企鹅没有任何风险，因为海豹在吃过一只企鹅志愿者之后，已经不怎么饿了。

所以你是跳还是不跳呢？答案很简单，我所做的就是一直等到纪录片的结尾。结果发现，企鹅应对这样的情境有几种有趣的策略。

策略一 消耗战

企鹅的首个策略就是在岸上等，就像斗鸡博弈的极地版本。它们就站在那儿，等着有企鹅先跳下去。这是企鹅自己发动的一场消耗战。结果，有只企鹅跳下去了。很难说它们等了多久，有可能是 7 个小时，但纪录片的编辑仅保留了原始录像的 7 秒。在所有悬念的结尾，有一只企鹅意识到这样等会让自己一直饿下去，于是它决定跳下去。我们不能说这个跳水者是一个"志愿者"，因为如果它自愿为同伴做出牺牲，它应当一开始就这么做，而不是让所有企鹅都一直这么神经紧张。我们可以用数学的方式检测一只企鹅是否会以及何时会成为志愿者——这是概率的问题，也就是"混合纳什策略"。结果显示，数学和事实有时候息息相关，因为数学模型预测出总会有人先迈出一步，就像他们在现实生活中做的那样。

策略二　比谁慢

另一个受欢迎的策略是当企鹅团队相对比较大的时候：它们同时跳进水里。让我来解释一下，虽然我从没当过企鹅，当然也不可能像企鹅那样思考。情况是这样的。为什么500只企鹅要同时跳入海中呢？它们的指导性逻辑是什么？它们也许相互告知（用基因语言），那里或许没有海豹，这样很好。但是，即使那里潜伏着一头饥饿的海豹，被吃掉的概率是1∶500。这也不差。这个风险是合理的，因此企鹅愿意冒这个险。当我最早看到这个纪录片时，我记得当时在想，这种寒冷刺骨的蜂拥跳水不是一种纳什均衡，因为如果每只企鹅都跳入水中，特别是如果水里有足够的鱼，那只玩儿著名的"系鞋带把戏"并且犹豫不前的企鹅才会获益。毕竟，如果很不巧有一只饥饿的海豹正好躲在那里，当不守规矩企鹅的鞋带再次被系上时，海豹已经吃饱，而那只慢一步的企鹅就不会有风险了。确实，纪录片显示有一些企鹅不如其他企鹅游得快，但我们并不知道它们是不是杰出的数学家，或许它们只是糟糕的运动员。毕竟即使所有的企鹅生来平等，仍有一些会比其他游得快。如果企鹅开始考虑游得慢一些，那么所有的企鹅都会放慢速度，最终它们会站着不动，这会让我们回到起点：所有的企鹅都站在岸边，没有志愿者出现，消耗战再次开始。

策略三　喂，别推呀！

电视中企鹅的第三种策略是最好也是最有趣的，至少很符合我的口味。为解释这个策略，我想和人类士兵的情况做一个类比。

在经过一个月密集训练后，一个连队准备休探亲假。正当他们排队进行最后检阅时，他们的长官突然出现，宣布了一个令人不快的消息。连队必须留一名士兵在基地执行警卫任务。"我五点后会回来，"长官说，"当我回来时，我希望有一名志愿者能站出来。如果没有志愿者，那么谁也不能休假。"

沮丧的士兵和企鹅的处境类似。每个人都希望有人能为了其他人而当志愿者，但如果没有人这样，没人能——在海里或者是在妈妈的餐桌旁——吃上饭。士兵可以抓阄或者用其他的方式，但企鹅无法抓阄，更何况在南极洲根本无阄可抓。然而士兵和企鹅都找出了一个解决办法。

有一个正在排队接受检阅的士兵叫麦克斯，他和战友一样，因为这个情境而心烦。然而，他几秒后就恢复了情绪，拍了拍乔的肩膀，说："乔，你当志愿者吧。"这对麦克斯来说是一个非常让人惊讶的举动。显然，这对乔和麦克斯都有风险。我希望你能看到这一点。我是指，一旦麦克斯提议让乔当志愿者，其他士兵很有可能会把矛头指向他，并温和地建议让他而不是乔来牺牲自己。麦克斯的举动实在大胆，除非有这样唯一的事实：麦克斯是连队中年纪最大的。他很高，肩膀宽大，而且身体也很强壮。所有的士兵都对此非常清楚，因此他们有礼貌地围在乔旁边，"乔，你有什么问题吗？麦克斯已经这样告诉你了。你将为了我们其他人而留下，就这样吧"。所有人都希望又壮又凶的麦克斯站在自己一边，而乔将很可能不由自主地成为志愿者。

企鹅也可以按照策略三做同样的事情。在围着海岸站了几分钟后，企鹅麦克斯走到最小的企鹅跟前，从背后用力地拍了它一下。我通常不太愿意将动物拟人化，但我简直都能看到小企鹅在跳进海里时脸上那惊讶的神情。这是一个让人印象深刻的场景，可以与电影《卡萨布兰卡》和《热情似火》的结尾齐名。不管怎样，企鹅自己制造出来志愿者。重要的是，我们也要记住麦克斯不是一只普通的企鹅。这样推其他企鹅的行为对普通企鹅来说有风险，因为当你抬起翅膀推其他企鹅时，你可能会失去平衡，而另一只更强壮的企鹅可能会把你推下去。

我们再稍微多想一下企鹅的困境。我们可以看出它们是在博弈中做博弈。在选择志愿者博弈之上，它们在玩"我应当站在谁旁边"的博弈。那只被推的企鹅之所以被推下去，是因为它选择了错误的站立点，离麦克斯太近。所以请记住，当在玩推人的游戏时，离大个子远一些。

我们可以做出合理的假设，动物所谓利他行为几乎总是能找到策略上的解释。我有一次用来源于演化博弈论的数学工具构建了一个模型，在不诉诸利他主义的情况下，解释了企鹅的实际情况。那只在消耗战中失败的企鹅，那只在比谁慢比赛中第一个行动的企鹅，那只被推下水的企鹅——它们都不是因为利他主义的理由而跳进水中的。推别人的企鹅冒险一试，因为它很有可能失去自己的平衡，但它也不能被称为利他主义者。按照同样的逻辑，那只发现自己独自在水中游泳的企鹅也不应因自愿上战场（在这个情况下是跳入水中）而得奖，因为它首先从没想过要去当志愿者。

演化博弈论提供了一个旨在扩展纳什均衡的好概念。它于1967年被英国进化生物学家威廉·唐纳德·汉密尔顿（1936—2000）首次提出。但这一理论经常归功于对其进行扩展并发展的另一位英国进化生物学家约翰·梅纳德·史密斯（1920—2004）。由于有这些先行者，我们进入了等同于纳什均衡的演化博弈论领域，即进化稳定策略（Evolutionary Stable Strategy，简称 ESS）。

数学家喜欢用"ε-δ"语言（即数学分析语言），而这对普通人而言太难理解，以至于他们情愿学习古汉语。我们无须诉诸数学分析语言，可以说 ESS 是一种纳什均衡加上另一种稳定条件：如果少量的参与者突然改变他们的策略，那些坚持原来策略的参与者则拥有优势。

如果想了解更多进化和博弈论的关系，我推荐阅读约翰·梅纳德·史密斯的《演化和博弈论》。

插曲　乌鸦悖论

卡尔·古斯塔夫·亨佩尔（1905—1997）是一位重要的德国裔哲学家，他对科学的哲学进行了大量的思考。但他获得国际声望源于他在 1940 年出版的《乌鸦悖论》一书（当时他在纽约生活，并在城市大学授课）。他的困境理论使用逻辑、直觉、归纳、演绎的方法——并都以乌鸦为代价。以下是我的版本。

　　在一个寒冷和下雨的清晨，斯马森教授朝窗外看了一眼，决定他那天不去大学了。"我是一个逻辑学专家，"他想，"所以我做的工作所需要的一切就是纸、笔和一块橡皮，而且我完全可以在家找到它们。"他坐在窗边，一边喝着乌龙茶一边想，"我今天应该研究什么呢？"突然，他看到树上有两只黑乌鸦。"所有乌鸦都是黑色的吗？"他思考着，突然瞥见第三只乌鸦并且观察到它也是黑色的。"看起来好像是这样。"这一断言应该要么被反驳，要么被确认。但如何做到？显然，每只他看到的黑乌鸦将增加"所有乌鸦都是黑色的"这一断言的概率，但他不可能观察到世界上的所有乌鸦。不管怎样，斯马森教授决定开始观察乌鸦，希望它们都是黑色的。

　　所以他坐在窗户旁等待着，但看不到更多的乌鸦。"我想我得出去找乌鸦。"他想这么做，但不太喜欢这个主意。毕竟，他在家待着是有原因的，而且大雨已经变成了冰雹风暴。突然，他想出一个好主意。他记起来"所有乌鸦都是黑色的"这一断言与"任何不是黑色的东西都不是乌鸦"的论证在逻辑上是相等的。请记住，他是一位逻辑学教授。聪明且合逻辑的人欢迎就此进行思考，并意识到两个断言是等同的。

　　因此，斯马森教授不再试图去证实"所有乌鸦都是黑色的"，转而去证实"任何不是黑色的东西都不是乌鸦"，而且他不用离开家了。他只需要找出所有不是黑色的东西，并确保它们都不是乌鸦。现在，这是一个轻松的工作。

我们的教授再从窗户看出去，很快找到了无数的例子。他看到一片绿色的草地，黄色和红色的叶子落下，一辆紫色的汽车，一个有着红鼻子的男人，一个有着白色字母的橘色指示牌，蓝色的天空，以及从烟囱里冒出来的灰色烟雾。突然，他看到一把黑色雨伞。这让他惊讶了一阵子，但他很快恢复正常并提醒自己他并没有证明所有黑色的东西都是乌鸦，而是"任何不是黑色的东西都不是乌鸦"——仅此而已。

现在他完全放松了，待在家里，没有淋雨。他继续从窗户外看出去，观察大街上，找到无数既不是黑色也不是乌鸦的东西。他对自己的工作很满意，在笔记本上写下：根据我广泛的研究，我可以几乎完全肯定地声明所有乌鸦都是黑色的。证明完毕。

他有犯错吗？如果有，你能指出斯马森教授的错误吗？

第八章　拍卖理论的简要介绍

在这一章开始，我会展示如何将 100 美元的钞票拍卖到 200 美元。接下来，我会介绍上一节关于拍卖理论的简要课程，这一理论是博弈论的旁枝。我们会审查不同类型的拍卖，试图理解赢者诅咒的现象，并找出哪一次拍卖获得了诺贝尔奖。

100 美元值多少？

起初，这个顺序性博弈被称为"美元拍卖"，但为了让它变得更加有意思（毕竟，由于通货膨胀，美元已经不再像以前那样值钱），让我们以 100 美元的钞票为例。至于谁发明了这个博弈，众说纷纭。有人说是马丁·舒比克、罗伊德·沙普利和约翰·纳什在 1950 年发明了这个博弈。不管怎样，在耶鲁大学教书的美国经济学家舒比克在 1971 年发表的一篇文章中讨论了这个博弈。

博弈的规则很简单。一张 100 美元的钞票被拍卖，出价最高的人将得到它。与此同时，出价第二高的人也要支付他出价的金额，但什么也得不到。

我经常在上课时玩这个博弈。我有次来到课堂上，像前面描述的那样，拿出 100 美元来拍卖。我承诺会把钞票卖给出价最高的人，哪怕他给出的价格很低。这让所有的学生都欢呼雀跃。总会有学生出价 1 美元，并且认为自己赚到了人生中的大便宜。结果如何呢？如果课堂保持安静，那个学生真的会获得丰厚回报。但问题是这从未发生过。一旦他们发现有人想用 1 美元抢走 100 美元，总会有人出 2 美元；毕竟，他们凭什么让其他人赢，自己却吃亏？有些人想到这个就局促不安。

一旦有人出价 2 美元，第一个出价的学生将损失 1 美元，因为他必须付出自己出价的金额并且空手而归。自然，出价第二高的学生现在必须出价 3 美元。一旦有第二个玩家加入这场游戏，木已成舟。我，作为卖方将获益，而无论怎样，玩家都会有损失。不可能有两种方式。举例来说，如果有一个玩家提出用 98 美元买我的 100 美元，而另一个玩家提出用 99 美元来买。那么出价 98 美元的出价人最好出价 100 美元，因为在此情况下他很明显会损失 98 美元。对他而言，最好的交易是拿出整整 100 美元，在不赢不输的情况下退出游戏。但是，在他出价 100 美元之后，那个出价 99 美元的玩家会遭遇真正的打击，因此（尽管这看起来实在荒谬），他必须出价 101 美元，使自己只出 1 美元，而不是损失 99 美元。此外，我作为卖家，刚把 201 美元减去 100 美元（出售钞票的价值）的金额装入荷包，获得 101 美元的净收入。

这个博弈何时结束？从数学上看，永远不会结束。从现实角度看，当以下情况之一发生时，这个游戏才会结束：第一，玩家没钱了；第二，下课铃响，课堂结束；第三，一个玩家学聪明了，退出博弈，竞标失败。

这个博弈完美地显示了好的战术如何有可能变成糟糕的策略。数学逻辑声称，竞标者应当在每一阶段都提价，但这种逻辑会带我们走多远？难道损失 4 美元时就退出不比损失 300 美元来赢一张价值 100 美元的钞票要更聪明？

一次，当我在战略思考训练营中构建这个博弈时，我仅用了 2 分钟，就用拍卖 100 美元的方式获得了一个 290 美元的出价（每次出价都以 10 美元为单位）。我注意到游戏参与者很快忘了这个拍卖是关于什么的，仅仅为了相互竞争。他们所关注的全部是自己赢，同时不让其他人赢。

人们的表现有时候确实相当古怪。还有一次当我做这个试验时，一个人之前完全不参与，直到竞标价格达到 150 美元时，他突然出价 160 美元让所有人都大吃一惊。他为什么这样做？他完全可以走进一家银行，用 160 美元换 100 美元的钞票。他究竟为什么选择参加这个博弈呢？

我的一位朋友参加了哈佛大学为高级商人举办的一场研讨会。他告诉我他靠拍卖的 100 美元收获了 500 美元。难道这些参与者仅仅是因为不理性？未必如此。也很有可能是这 500 美元对这些成功的商人而言不算什么，通过出价 500 美元，他想对其他参与者示意他决定战斗到底。在我们生活的年代，这是一个非常重要的信号，因为这些商人总有可能会再次遇到类似的情况（他有可能将投资的 500 美元作为开支而一笔勾销，这很合乎道理）。

人们不愿意退出博弈，仅仅因为他们已经在此做出巨大投资，基于这种理由而做出的行为在我们的日常生活中时时发生，既有大事，也有小事。举例来说，当你给有线电视公司打电话，等待客户服务人员接听电话时，就是这样的行为。你在线上等待很长时间，话筒里播放的好听的音乐帮你度过这段时间，但没有人接听电话。你通常会怎么想？"好吧，我已经等了这么久，现在挂断就太可惜了。"所以你继续等待。你等呀等，这个音乐开始变得让人极为心烦。但你等待得越久，你的放弃就显得越发愚蠢，因为你已经付出如此多的时间。

按照同样的动态逻辑，我们可以看到，当一个国家资助的机构对一位商人发起的项目投资 2 亿美元之后，会在项目失败后决定再给他 1 亿美元，以拯救这个项目。这是同样类型的错误。

最好的方法是当你遇到这种"出售 100 美元游戏"时，

根本就不要参与；如果你不小心参加了，最好的办法就是马上退出。有人有次提议了一个赢得博弈的"安全"策略。你第一次出价就应当是99美元。确实，你不可能有可观的收益，但能赢就很好了。从我个人的角度，我不会建议这个策略。总会存在一种可能性就是有人会突然出价100美元换100美元。他为什么会这样做？没有任何理由。

不管怎么样，仅仅因为我们已经损失了很多而继续参与博弈永远都不是一个好主意。就跟其他事情一样，古希腊人早就知道——在他们历史悠久的概念中已经暗示"即使神也无法改变过去"。

我将用一个小小的脑力游戏来结束这个关于现金拍卖的探讨，类似的游戏也在一家久负盛名的军事科学院里进行过。用上文中描述的方式对20美元的钞票进行拍卖，每次出价至少为1美元。有两名军官，其中一人出价20美元，另一位将出价提高到21美元。在这个时候，出价20美元的那位突然迈出了惊人的一步，将出价提高到41美元。于是游戏结束。（为什么？如果他出价42美元，他会损失22美元。损失21美元总比损失22美元好。）

拍卖可能是博弈论最古老的一支。人们都说，最早的拍卖是约瑟的兄弟将他和他的彩衣卖给奴隶贩子。公元前5世纪的希腊历史学家希罗多德记录下了在他的那个时代进行的拍卖。那时，女性被卖入婚姻。最漂亮的女性往往最早被拍卖，在卖家获得不错的价钱之后，他会将剩下的女性从美到丑降序拍卖，而出价也随之下降。那些毫无吸引力的女性甚至需要花钱来买丈夫，这意味着这些拍卖也有负面竞拍。

拍卖在罗马帝国时期也很流行，以至于在公元 193 年，整个帝国都被拍卖。狄第乌斯·尤利安努斯赢得了拍卖，但在两个月后就遇刺身亡，这显示赢得拍卖也并非总是值得庆祝的。

拍卖方法有很多种，主要的版本包括英式拍卖、荷兰式拍卖、密封拍卖和维克瑞拍卖。

英式拍卖

在英式拍卖中，物品以基础价被拍卖，其价格随着需求的上涨而不断上升，直到出价最高的竞标人拿下。竞标人可以通过电话竞拍。众所周知，有名和有钱的人往往不愿意出现在竞价大厅，因为他们的出现就有可能让价格高涨。

在一种英式拍卖的版本中，价格持续上升，当价格高到难以接受时，竞标人退出竞标，而最后剩下的那位赢得物品。这种方法给参与者提供关于所有竞标者如何对物品估价的信息。

荷兰式拍卖

在这种拍卖方法中，物品以最高价竞拍，其价格不断降低，直到一个买家认为价格对自己合适从而购买物品。这一拍卖体系被命名为"荷兰式"，因为这是荷兰人卖花的方法。

一次，我在一家波士顿古董店里看到一场有趣的荷兰式拍卖。商店里的每件物品都有一个价签，同时也标明了物品最初放在商店里的日期。你需要支付的物品价格是由价签上标注的价格减去一个折扣，而这个折扣取决于物品在商店里待了多长时间——待得越长，价格越便宜，而这个折扣可以达到原始价格的80%。当一个波士顿人看到一把中意的椅子此刻标价为400美元，他有可能得出理性的结论：这个价格将在一个月后下跌，最好等等再出手。他是对的，前提是没有其他人同时会买这把椅子。

英式拍卖 vs 荷兰式拍卖

那么出现一个有趣的问题：是英式拍卖好，还是荷兰式拍卖好？

假设我们想用荷兰式拍卖的方式出售一本非常特殊的书（如由詹姆斯·乔伊斯亲笔签名的《尤利西斯》），我们将起拍价定在10 000美元，每10秒降100美元。这一销售方式有可能让潜在买家极为苦恼，因为一旦有人叫停，书就卖出去了。显而易见，如果一个人认为他能从这本书中得到的快乐等同于9 000美元，他会等到价格降到这个水平再出价（在这本书还没有卖出的情况下）。

然而，在英式拍卖中，你有时候可以用低于你原本打算支付的价格来获得物品。举例来说，没有人在乎作者亲笔签名的原版，因此我们出价700美元是最高价，这对我们来说还不错：因为我们用700美元换取了我们原本愿意用9 000美元买来的东西。另外，这种方法鼓励人们一再增加自己的出价，而他们这样做的主要原因是人类的竞争倾向。假设你愿意出9 000美元买这本书，但发现也有人出价9 000美元。你会出价9 100美元吗？很可能会，因为这只比你的初衷高出100美元。但是另一位出价人的初衷也一样，会提价到9 200美元，这时你不得不再将价格提到9 300美元……就这样继续下去，谁知道会在哪里停下？

在英式拍卖中，价格会持续上涨的另一个原因是在销售中获取的信息。例如，一位参与者感觉这本书可能值9 000美元，但他很不确定。这个价格有可能被夸大吗？也许这本书也就值这一半的价钱？如果他看到其他人出价 8 500 美元，他会对自己的评估更加确信。这会向他表明，他的观点并非完全不现实。拍卖商往往会利用这一点，他们安排一个虚假的竞买人将价格推高。

关于两种拍卖方法哪种更好，人们对此有着严重的分歧，但显然英式拍卖更受欢迎（我还见过一些拍卖，开始的时候用荷兰式拍卖法，一旦到达某个价格，就开始使用英式拍卖法）。

密封拍卖

一些资金极为大额的项目（如油田、银行、航空公司等）往往用以下方法拍卖：潜在的竞价人可以在给定的竞标时间内准备出价，并将价格写在一个密闭信封里。在指定的日子里打开信封并宣布获胜者。这是决定阶段。这些拍卖通常得遵守冗长且单调的规则，但阅读这些规则可能对竞价人很合算，因为他们有可能在此找到一些惊喜。例如，规则中有时候会说，卖方无须挑选出价最高的竞价人。

鉴于我们已经提到油田，现在是时候了解一下"赢者的诅咒"现象。

三位石油工程师于 1971 年在一篇研讨会文章中最先记录下

这个现象，他们是埃德·卡彭（Ed Capen）、鲍伯·克拉普（Bob Clapp）和比尔·坎贝尔（Bill Campbell）。这三位指出，如果你赢得了拍卖，你应该问问自己："为什么其他出价人不认为我刚拍下的油田比我出的价更值钱呢？"从数据上看，这个想法很简单。

举例说，一家石油公司的业主破产了，其油田被拿出来拍卖。有 10 家公司用密封拍卖的方式出价如下：80 亿美元、72 亿美元、70 亿美元、130 亿美元、113 亿美元、60 亿美元、80 亿美元、99 亿美元、120 亿美元、87 亿美元。

谁知道这座油田真正的价值是多少？谁能猜出哪怕是近期的油价？没有人。然而一般来说，竞价公司都会在出价之前雇专家研究这个问题。与此同时，估计油田的价格会是竞拍价格的平均数也是符合逻辑的。假设最高出价（130 亿美元）接近油田的真正产量年景是没有道理的，但他将（几乎）肯定赢得拍卖。然而，获胜者最好等一等再庆祝，需要花点时间反思一下。

维克瑞拍卖
（ 或第二价格密封拍卖和诺贝尔奖 ）

维克瑞拍卖是因 1996 年诺贝尔经济学奖得主、加拿大裔的哥伦比亚大学经济学教授威廉·维克瑞而得名的，具体操作如下：竞拍者对他们想购买的东西通过密封拍卖的方式出价，出价最高的人获胜。但与其他普通拍卖方式不同的是，获胜者并非支付最高投标价，而是支付第二高的价格。

这里的逻辑是什么？为什么这居然符合逻辑？为什么中标人要支付比他最终竞拍的价格少的金额？为什么拍卖行不收取高价的出价呢？

我相信，使用维克瑞拍卖方式的理由之一是，我们都知道很多人是不理性的，有可能错误地出高价，认为他们实际上永远不会支付这个价格。比如说，我可能会出价2万美元来购买有马塞尔·普鲁斯特签名的《追忆似水年华》的初版，而事实上我只愿意支付1万美元——毕竟他是普鲁斯特，而且我也喜欢买书。这有什么错呢？我相信，这个策略将确保我会获胜，并且我最终会支付出价第二高的价格，这个价格肯定会比我的更符合逻辑。问题是，来自波士顿的埃德加·克林顿（Edgar Clinton）也有一模一样的想法，所以他出价19 000美元。这意味着我获胜了，但最后要比我实际愿意支付的价格多9 000美元。毕竟，我买的只是一本书，而不是一个书店。

也许我们应该给出自己现实的评估？

这个难题的答案很简单也令人惊讶，同时会让我们接近维克瑞拍卖如此重要的原因：第二价格拍卖会使拍卖者拍出他们愿意支付的（真正的）最高价格。

让我们更准确地复述一下。在维克瑞拍卖中，拍卖者的优势策略是找到拍卖物品对他们的真正价值（对参与者而言，当一个战略比其他战略更适合一个参与者时，无论其他参与者如何参与，都会出现战略优势）。在这个情况下，诚实是最佳的策略。我们不需要用数学方法来证明。你要做的就是想一想，如果拍卖者出价高于或者低于被拍卖物品对他们所值的价格会怎么样，你会发现，在两种情况下，收益都比给出真实的价值要少。

早在 1961 年，维克瑞就对此进行了最初的分析，但他直到 1996 年才获得诺贝尔奖。遗憾的是，威廉·维克瑞没能参加在斯德哥尔摩音乐厅里举办的颁奖典礼：他在接到自己成为诺贝尔奖候选人通知的三天后去世。

插曲　纽科姆悖论

所谓"纽科姆悖论"是一个著名的实验，与概率和心理学紧密关联，以加州大学洛杉矶分校的物理学家威廉·纽科姆命名。

这一思想实验不同于其他实验，确实值得被称为悖论。具体介绍如下。

我们面前有两只盒子。一只透明的,其中装有 1 000 美元;另一只不透明,有可能装有 100 万美元或者什么也没有——我们不得而知。我们可以拿上 1 000 美元高高兴兴地回家,也可以选那个有可能装有 100 万美元或是分文没有的不透明的盒子,再或者抱上两个盒子就跑。当然,第二个选择更好。问题是这个实验是由一位预言家来操作的,他有着超能力,可以看到我们的想法,甚至会先于我们知道我们会做什么样的选择。如果预言家预感到我们会拿走不透明的盒子,他会放进去 100 万美元;但如果他预知我们会拿走两个盒子,他会在不透明的盒子里什么都不放。

现在,假设有 999 人已经参与了此实验,而且我们知道每当有人拿走两个盒子时,不透明的盒子里都会是空的;但每当参与者只选择拿不透明的盒子时,他们就会成为百万富翁。你会做什么决定?

决策论包括两个看起来自相矛盾的原则。一是合理性原则,根据这一原则,我们只应拿走透明的盒子,因为我们已经看到之前发生的事情。二是显性原则,根据这一原则,我们应拿走两个盒子,因为它们就在那里,如果不透明的盒子里有 100 万美元,我们就会拿到;如果里面分文没有,我们至少还有 1 000

美元。这两个原则相互矛盾，给我们提供了完全不同的建议。

许多优秀人士都对这个著名的试验进行过讨论，包括哈佛大学哲学家罗伯特·诺齐克、科普杂志《科学美国人》数学编辑及《爱丽丝梦游仙境》的译者之一马丁·加德纳。两人都认为他们应该两个盒子都拿，却给出非常不同的理由。

如果我面对这个实验——前提是我相信预测（而非预言，因为我是一个理性科学家），并且目睹了999个案例的结果反复出现——我会拿不透明的盒子，而且（有可能）得到1 001 000美元。然而，这个问题仍然广受争议。加德纳认为这里没有悖论，因为没有人能如此准确地预测人的行为。然而，如果你见过有人能如此准确地预测人的行为，那么这就是一个符合逻辑的悖论。所以我们该怎么做？两个盒子都拿还是只拿不透明的那个？

你来决定。

第九章　斗鸡博弈和古巴导弹危机

在这一章里，我们会接触斗鸡博弈，由两个纯粹的纳什均衡组成——使结果极难预测。该博弈与边缘政策的艺术紧密相关。

由两人参加的斗鸡博弈有一个简单且流行的版本。两个摩托车手朝对方开过去（如果我们在拍电影，他们最好用的是偷来的车），首先逃避相撞的那方输掉游戏，并永远被称为"胆小鬼"。那个毫不退缩的车手在博弈中获胜并成为镇上的英雄。如果两个车手都不逃避，他们会撞上彼此而丧生。当詹姆斯·迪恩在世时，这个博弈风靡一时，并在不少电影中都有呈现（如1955年由詹姆斯·迪恩和娜塔莉·伍德主演的电影《无因的反叛》）。

当然，每位博弈者都希望对方是胆小鬼，这会使自己成为勇敢的赢家。然而，如果双方都决定要表现勇敢，那么两辆摩托车的对撞将是对两人最糟糕的结果。和许多其他危险的博弈一样，我的个人选择是逃避战略：避开。我想我们都知道一些最好选择躲避而非参与的博弈。但如果我们处在一种没有其他选择而又不得不参与的情况下，该怎么办？

设想以下的情节：我站在我的车旁边，顺着马路望过去；

我的对手在不远处也和我一样，朝我看过来；人群中有一位我想引起注意的女士，而且我莫名感觉到，她不会欣赏我，且会明智地离去。我应该怎么做呢？

我们的两位博弈者（以下称为 A 和 B）可以从两个非常不同的策略中选一个：勇敢或懦弱。如果都选懦弱，谁也不输不赢。如果 A 选择勇敢，B 选择懦弱，那么 A 赢得 10 个积分（哪种积分由你来定义），而 B 失去 1 个积分。A 会赢得人群的喝彩，而 B 将被喝倒彩。如果双方都同时决定表现勇敢并撞上彼此，双方都会失去 100 个积分，且不说他们会因养伤而浪费时间和付出昂贵的车辆修复费用（见表 9-1）。

表 9-1　A 和 B 的选择及后果

	勇敢	懦弱
勇敢	(−100, −100)	(10, −1)
懦弱	(−1, 10)	(0, 0)

这个博弈中的纳什均衡在哪里？其中是否有纳什均衡？自然，如果两个玩家都选择懦弱战略，这不是纳什均衡，因为如果 A 选择懦弱，B 也选择懦弱，这并不符合 B 的最佳利益。B 最好勇敢一点，并赢取 10 个积分。但是，如果两位博弈者都选

择勇敢战略，这也不是纳什均衡，因为如果他们都很勇敢，他们都会失去 100 个积分，而这是最糟糕的结果，双方都会因此而后悔。

应该注意到，如果 A 知道 B 选择了勇敢，他应选择懦弱，因为他会比也选择勇敢要损失得更少。如果双方都勇敢，不可能有好的结果。

那么另两个选项如何？假设 A 选择勇敢而 B 选择懦弱。如果 A 表现勇敢，而 B 表现懦弱，B 就会损失 1 分，但 B 也应保持不变，因为如果他也选择勇敢（和 A 一样），他会损失 100 分（即多损失 99 分）。

这样，如果 A 决定表现勇敢，而 B 表现懦弱，这就是纳什均衡——这个谁也不会放弃的情境。问题是，反其道而行之也成立。也就是说，如果他们对换角色（B 变得勇敢而 A 变得懦弱），这也是同样原因的纳什均衡。但当这个博弈有两个纳什均衡时，问题出现了，因为没人知道博弈该如何结束。毕竟，如果双方都选择纳什均衡，而且双方都选择勇敢，那么他们会以相当糟糕的局面结束博弈。但之后，也许理解这一点使他们都变得懦弱？这样，即使这个博弈可能在开始时看起来很简单，实际上会相当复杂，更不用说如果考虑情绪因素会发生什么事情。

假设一位博弈者想引起人群中的某人注意。如果他输了，损失积分只是小事。他可能失去观众的喜爱，而这有可能比因撞上对方的车而引发的损失都严重。此外，没人想看对方赢，而且很多人都因此而深感痛苦。

由于上述诸多复杂性，这个博弈该如何进行，如何结束？自然，口述一个获胜策略是不可能的，但这样的策略确实存在，而且在很多电影里都有出现过。这个策略被称为"疯子策略"，具体情况如下。一位博弈者抵达现场时喝得酩酊大醉。尽管每人都看到了这种情况，他在抵达现场时还扔出了几个空酒瓶来强调他此时的状态。为了让他的态度更加清楚，他还拉上了遮阳板，因此完全看不到马路。疯狂的博弈者可能更过分，他把方向盘拆下来，在开车的时候扔出车窗外。这真是再清楚不过的信号了。

疯狂的博弈者于是宣称："懦弱不是我的选择。我只会大胆，大胆，更大胆。"在此阶段，另一位博弈者抓住了要点。他知道对方会表现勇敢，至少在理论上是这样，他自己应当选择懦弱，因为从逻辑和数学上看，这对他是更好的选择。然而，我们需要记住，人们倾向于做出不理性的选择，同时还需要考虑最坏的情况。如果双方都选择疯狂策略怎么办？如果双方出来时都酩酊大醉，拉上遮阳板，扔出方向盘怎么办？他们又一次绑在了一起。这样，我们再一次看到表面上看起来简单的博弈实际非常复杂。

　　几乎所有关于博弈论的书都会引用，最著名的斗鸡博弈是古巴导弹危机。1962 年 10 月 15 日，苏联领导人尼基塔·谢尔盖耶维奇·赫鲁晓夫宣布，苏联将在古巴部署载有核弹头的导弹，这距离美国海岸不到 200 公里。赫鲁晓夫于是对美国时任总统约翰·肯尼迪发出信号："我正驾车朝你冲过去，我戴上了墨镜，喝了点酒，马上就没有方向盘了。下面你该怎么办？"

　　肯尼迪召集他的顾问团队，他们给出了以下有五个选项的清单。

1. 什么也不做。
2. 向联合国发起控诉（这和选项 1 很像，但选项 1 更好，因为选项 2 暴露出你知道有事发生而仍然什么也没做）。
3. 执行封锁。
4. 对苏联人发出最后通牒："要么撤走导弹，要么等着美国对你们发起核战争。"
5. 对苏联发动核战争。

在 10 月 22 日，肯尼迪决定对古巴进行封锁，选择了选项 3。

选项 3 是有风险的，因为这意味着肯尼迪也喝醉了，他放下了遮阳板，而且很可能失去方向盘，这样会让两个国家走上对撞的道路。之后肯尼迪回忆说，他个人估算核战争的概率大概在三分之一到二分之一之间。这是一个相当高的概率，考虑到这将意味着世界的终结。最终，危机以和平的方式结束。许多人认为，这个结果归功于著名的英国哲学家和数学家伯特兰·罗素，他给赫鲁晓夫写了一封信并想办法送达赫鲁晓夫本人。无论如何，赫鲁晓夫退出比赛，这让人大跌眼镜，因为苏联领导人曾反复向西方示意，他有可能诉诸疯狂策略。罗素意识到，和其他普通版本的斗鸡博弈不同，古巴导弹危机是不对称的，因为赫鲁晓夫有着在自己国家控制舆论的优势，这使他有机会做出让步。这就是控制舆论的苏联是如何拯救地球免于核战争的。当媒体被控制时，失败能被塑造成胜利，这也正是当时苏联报纸对此进行解读的角度。赫鲁晓夫和肯尼迪找到了一个体面的解决方法，苏联同意撤走在古巴部署的导弹，美国也将在未来拆除部署在土耳其的导弹。

志愿活动：一种困境

被称为志愿者困境是斗鸡博弈的有趣延伸。我们之前讨论过企鹅版本。在斗鸡博弈中，一个志愿者将被鼓励自愿把车开离，从而避免对撞。这个场面对双方都有好处。

一个典型的志愿者困境包括好几位博弈者，其中至少有一位自愿冒个人风险做一些事情，这样所有博弈者都可以受益；但如果没有人自愿这样做，他们都会失败。

在《囚徒的困境》一书中，威廉·庞德斯通举了好几个志愿者困境的案例。比如说，在一栋高层公寓楼里出现了电力故障，一个租户自愿给电力公司打电话。这是一个很小的志愿性举动，但很有可能有人会行动起来确保整栋大楼恢复供电。但之后庞德斯通提出了一个更大的问题。假设有一群租户住在一个冰冷的屋中且没有电话，这意味着这个志愿者必须在雪地里跋涉 5 公里，冒着 0℃ 以下的严寒去寻求帮助。谁会主动去？问题如何得到解决？

当然，在一些情况中，志愿者的付出相当清楚。2006 年，以色列陆军上尉罗伊·克莱因（Roi Klein）扑向一枚朝他所在的排扔过去的手雷上。他当场丧生，但他的行为拯救了他的战友。美国和英国在战争中都有不少这样的案例。有趣的是，美国军队的条例包括应对上述的情况指令：士兵必须立即主动扑倒在扔过来的手雷上。这是一个相当奇怪的指令。在一组士兵中，显然有人会做出牺牲，但找出愿意牺牲的人是另外一回事

（如果只有一个士兵，而且他扑倒在手雷上，那就是再奇怪不过的事情了）。看起来，就算有这样的指令存在，也不会每个人都遵守，但有些人应当遵守，而且有些人会去遵守。

庞德斯通的书举了另外一个例子。在一个条件非常艰苦的寄宿学校里，一群学生偷了学校的铃。校长召集全校开会，对所有人说："如果你们交出小偷，我会给小偷的学期评分定为F，其他人则免受处罚。如果你们中间没有人愿意站出来，你们每个人的学年评分都将是F，不仅仅是一个学期。"

理性地讲，应当有人自愿站出来，因为如果没人站出来，每个人都会不及格，整个学年都会被评为F。理论上说，如果小偷自首，他自己也能因此受益，因为他只有一个学期评分为F，而非一学年都不及格。如果这个故事中的学生都是理性的理论家，有人（不一定是小偷）会自愿站出来，接受很小的挫折，解放他的同伴。但这个人可能会觉得每个人都会和他想的一样，于是没人会站出来。结果当然很荒谬：每个人都不及格。

确实，如何进行博弈完全不清楚。然而，志愿者困境有一个很简单的数学模型。想象房间里有 N 个人：如果他们中至少有一人自愿站出来，而这个志愿者的风险成本将从他个人的奖励中扣除，那么他们都可以赢取大奖。

显然，这里没有纯粹的纳什策略，因为如果其他人都有可能自愿站出来，那么我为什么要站出来？毕竟，如果我不承担风险，有人会承担，我仍然会拿到全部的奖励。放弃也不是纳什策略，因为如果没有人自愿站出来，谁也无法获益，因此，我应该自愿站出来，并领取扣除我风险的奖励（假设风险成本比奖励价值要小），这样总能得到些什么。但如果不存在纯粹的纳什策略，我们可以找到一个混合的策略。这个策略要求者在某些可能的情况下自愿站出来，这些可能性可以通过数学的方法计算出来，并且与参加者的数量以及奖励与风险之间的差距相关。

风险相对奖励来说越大，人们越不太可能自告奋勇站出来。这是可想而知的。另一个有效的结论就是：参与者的数量越多，人们越不愿意站出来，因为认为其他人会站出来的期待会被放大。

在此，我们可以找到"旁观者效应"这一社会现象的根源。

然而，认为"其他人会站出来"可能会导致可怕的结果。所有人都期待其他人站出来的最著名的状况是凯瑟琳·吉诺维斯（Catherine Genovese）的案例。1964 年，她在纽约的家中遇害。她的数十名邻居都目睹了这一惨案，然而，不仅没有人站出来试图去帮助她（因为志愿者可能会付出巨大代价），而且也没有人报警（这个自愿举动并没有任何成本）。很难理解当时这些邻居在想些什么，但事实就是有时候没有人会自愿做一些哪怕像是打电话报警这样简单的事情。对这些案例的解释，用社会学和心理学会好过用数学模型。我们可以假设人们是否愿意站出来取决于他们所在的社区或社会的团结程度，以及他们自己的社会价值观。

1974 年，同一座城市中的桑德拉·萨莱尔（Sandra Zahler）也在类似的情况下被杀害……她的邻居听到了呼救声，却什么也没做。这种不干涉现象和责任分散因此常被称为"吉诺维斯综合征"。

关于志愿者困境的另一个例子是由《科学》杂志进行的一次实验。这个杂志社要求读者写信说明自己需要多少钱，20 美元或 100 美元，并且承诺他们一定会得到自己要求的钱数，前提是要求 100 美元的人数不会超过 20%。如果超过了，没有人能拿到钱。

如果我参加这个博弈，我的考虑会是什么呢？显然，100 美元比 20 美元多，但我知道，如果每个人都要 100 美元，我们最后什么都得不到。其他人都必须和我一样知道这一点，而且会很可能写下 20 美元，而不是 100 美元。同时，我自认为成为引爆点的概率——那个使贪婪读者的人数超过 20% 那条线的人——是很低的，因此我应该要求得到 100 美元。显然，如果有足够多的读者和我想的一样，我会失去一切。实际的结果是超过三分之一的人要求 100 美元，而杂志社省下了一大笔钱。

事实上，这个实验并没想过要动用这笔钱，因为杂志社已经对成功做出了相当安全的假设。博弈理论家或者说是心理学家会让杂志编辑松一口气，因为少于 20% 的人要 100 美元的概率是很小的。

然而，通常情况下，没有什么事情像看起来那样简单。我在我的学生中用以下方法试验了很多次这个困境。我要他们写给我纸条，说明他们是否希望自己的分数提高 1 分或者 5 分，并且警告他们，只有要求提高 5 分的人数少于 20%，他们才能得偿所愿，但如果要求 5 分的人数超过了 20% 的界限，他们什么也得不到。我的学生从未能让自己的分数提高，只有一次例外——在心理学课上。

第十章　谎言、该死的谎言和统计数据

在这一章里，我会提供一些有用的工具，以帮助我们更好地理解统计数据，并提高我们检测统计谎言的能力——不幸的是，错误的数据往往可被用来相对轻松地证明几乎所有的事情。我会使用日常生活里的一些滑稽且有启发性的案例。

当需要做决定时，我们往往会诉诸数字——很多很多的数字。涉及分析和理解数字的学科被称为统计学。小说家赫伯特·乔治·威尔斯（1866—1946）预测，"未来，高效的公民有必要拥有统计学的思维，作为其读写的能力"。确实，统计数据在今天随处可见。你在读报纸、看电视或上网时，不可能不看到一些统计术语和数字。

受数据影响

几年前，我在一家主流报纸上读到这样一则新闻：超速不会导致事故。这个断言基于以下统计数据：在所有的交通事故中，仅有2%发生在车辆时速为100公里或更快的情况下。这被解读为每小时100公里是一个非常安全的驾驶速度。当然，虽然这则报道刊登在报纸上，但它是绝对错误的结论。毕竟，如果确实如此，我们为什么要限速每小时100公里？即使是首悲伤的歌，也把它唱得快乐些吧。根据我的数据，在时速为300公里时，没有事故发生，所以国家应要求所有的驾驶员将车速保持在这个安全的水平。我甚至愿意有以我自己的名字命名的法律，来约束每个人驾车的速度不得低于每小时300公里，这个法律将被称为《夏皮拉法》。

言归正传，那条报道没能提供一些关键的数据信息——如驾驶员保持那个速度的时间比例。我们需要这一信息来确定这个速度是否确实安全，还是实际相对危险。举例来说，如果驾驶员在全部驾驶时间中仅有2%的时间是保持在每小时100公里及以上，而所有事故中有2%在那个时间段内发生，那么这就是一个"规范性"速度：既不是比其他速度更安全，也不是比其他速度更危险。但如果我们仅有0.1%的驾驶时间将速度达到每小时100公里，而仍然有2%的事故率，那么这个速度就非常危险了。

最近发表的一份以色列调查结果指出，女性开车比男性更好。这有可能是对的，但这项调查为这个结论引用了一个奇怪的理由，那就是涉及严重驾驶事故的以色列男人比女人要多。实际上，这一事实说明不了什么。假设在全以色列只有两位女性驾驶员，而她们去年卷入了800次严重的驾驶事故，而100万男性驾驶员卷入了1 000次事故中。那就意味着每位女司机的平均事故数量是每年 400 次（超过一天一次）。在此基础上，我不可能说她们是好司机。

此外，根据《每日电讯报》网络版 2016 年 2 月 21 日发表的一篇文章，女司机还是要比男司机更好，至少在英国是这样。这篇文章指出，"女性司机不仅在行车测试中得分高于男性，而且在匿名观察英国最繁忙的交叉路口——海德公园角时，得分也高于男性司机"。

图表和谎言

以下是用图表的方式演示数据的一个案例。假设一家公司的股价在 2015 年 1 月到 2016 年 1 月从 27 美元上升至 28 美元。在这样一个被电脑控制的时间和年代里，人们喜欢用图表和报告来展示这些东西。怎么才能做好呢？这取决于你的观众。

如果是在给税务员做展示，推荐使用图 10-1。

正如你所看到的，事情看起来并不太好。图 10-1 看起来像是一个死人的脉搏。它会让联邦税务局哪怕是最坚强的员工心碎。

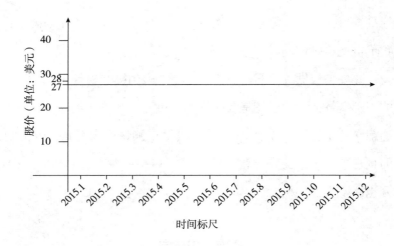

图 10-1　向税务员展示的图

如果将同样的数据展示给公司董事会，我会稍微修改一下图表，让它看起来能显示出股价高涨，且将持续上涨的趋势（如图 10-2 所示）。

这两个展示的区别在于其中的一个标尺——也是我们选择的特殊码尺。靠着一点想象力和一些努力，我们可以用满足我们需要的方式展示任何东西。在看电视广告时，我看到一个有关三家服务公司的客户满意度的图表展示。自然，赞助这个广告的公司得分最高——7.5 分（满分是 10 分）——而它的两个竞争者分别得分 7.3 和 7.2。这个图表没有显示抽样客户的数量，因此我们无法知道这三家公司的区别是否真实。不论怎样，

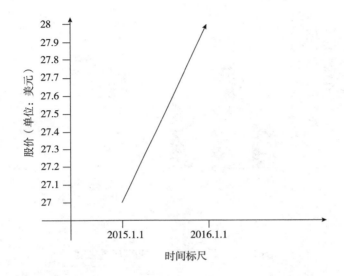

图 10-2　向公司董事会展示的图

数据都是如图 10-3 这样展示的。

　　这些柱子创造出一种表象，即做广告的公司比其他竞争者要远远领先。

　　本杰明·迪斯雷利（1804—1881）曾说过，有三种类型的谬误：谎言、该死的谎言和统计数据。然而，事实上这个故事也可能是不真实的。马克·吐温（1835—1910）将这一评论归功于迪斯雷利，但没有人声称曾听到英国首相说过这句名言，而且在他的所有作品中也没有提及。

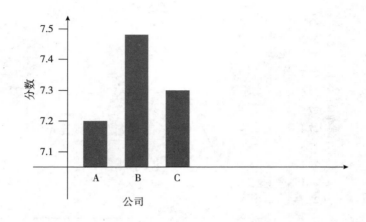

图 10-3　三家服务公司的客户满意度

辛普森悖论

1973 年，调查加州大学伯克利分校性别歧视案的人员发现，在申请攻读研究生的 8 000 名男性和 4 000 名女性中，录取男性的比例要远远高于女性。大学因此被控告性别歧视，但它真的有歧视女性吗？调查人员调出各个学院的录取数据，发现如果真要找出诉讼的理由，应当是投诉其相反的偏见：该大学所有的学院都偏爱女性申请人，从百分比来看，录取的女性人数高于男性。

如果你对统计学（或分数计算）不熟悉，这是有可能发生的。如果所有的学院都偏向女性，那么学校整体上应展示同样的性别划分，然而事实并非如此。

英国统计学家爱德华·H. 辛普森在其 1951 年的论文中将这一现象描述为"对列联表中关联性的解读"。今天我们将其称为"辛普森悖论"或"尤尔-辛普森效应"（英国数据学家乌德尼·尤尔早在 1901 年就提到过类似的效应）。我将对其进行解释，但不是用伯克利分校里的实际生活数据，而是用一个简单的假设版本。

假设有一所大学只有数学和法律两个学院，我们假设有 100 位女性和 100 位男性申请了数学学院，而 60 位女性（或 60%）和 58 位男性（或 58%）被录取。看起来数学学院好像更偏爱女性。另有 100 位女性申请了法学院，其中 40 位（女性人数的 40%）被录取，而只有 3 位男性申请，且其中 1 位被录取。三分之一比 40% 要少，因此，看起来两个学院都更偏向女性。然而，如果我们看一下学校的整体数据，就会发现，申请入学的 200 位女性中，有 100 位（或 50%）被录取，而申请入学的 103 位男性中，有 59 位被录取，无论你怎么看，59 除以 103 都要高于 50%。

这怎么解释？请让我先给一个直觉性的解释，而非技术性解释。根据我们拥有的数据，法学院显然对申请人要求更严格。因此，当许多女性（100 人）申请法学院时，数学学院 60% 的录取率失去相当的价值。考虑到同样数量的女性申请了两个学院，录取率加起来是 60% 和 40% 的平均数，即 50%。然而，由于知道法学院有着严格的录取政策，只有 3 位男性提出申请，而只有 1 人被录取（即使没人被录取也不会改变什么），这只会让数学学院录取男性的比例稍稍降低。

由此得出结论：尽管两个学院都偏爱女性，但由于有更多的女性申请录取率较低的法学院，因此当两个学院的录取率加起来时，男性的录取率看起来更高。

实话实说，辛普森悖论告诉我们关于分数法则很简单的一条。用分数式描述这个故事：$60/100>58/100$，以及 $40/100>1/3$，但是 $(60+40)/(100+100)<(58+1)/(100+3)$。

一个聪明的男人有一次说，数据让他想到穿着比基尼的女人：露出来的部分是美好的，但遮住的部分才是真正关键的。

我们可以本着同样的精神联想出大量的例子。举例来说，我们可以想象有两位篮球运动员：斯蒂夫和迈克尔，尽管斯蒂夫连续两年得分数据比迈克尔要高（用尝试投篮次数的百分比来看），但两年的数据加起来显示迈克尔是更好的得分者。请看表 10-1。

表 10-1　投篮得分数据

	2000 年	2001 年	合计
斯蒂夫	100 次投篮 60 次得分：60%	100 次投篮 40 次得分：40%	200 次投篮 100 次得分：50%
迈克尔	100 次投篮 58 次得分：58%	10 次投篮 2 次得分：20%	110 次投篮 60 次得分：54.5%

为阐明到底发生了什么，我把这个例子编得与之前的那个例子非常相似。根据上述表格，斯蒂夫在 2000 年和 2001 年的得分比例更高，但当两个数据加在一起时，显示迈克尔是一个更好的得分者。产生这个让人极度惊讶的结果的主要原因是在 2001 年这个赛季，迈克尔投篮次数很少。

我们也可以想象有两位投资顾问，其中一位在上半年的表现优于另外一位（他的可赚钱的投资组合比例要更高），而且同样相对于投资组合的数量而言，他下半年再次取得了更好的业绩；但从全年来看，另一位的可赚钱的投资组合比例却更高。

当我最初听说这个悖论时，我看到的案例涉及两家有着如下数据的医院。人们都说，男性更愿意去医院 A，避免去医院 B，因为医院 A 的男性死亡率要比医院 B 更低，去医院 A 的女性也比去医院 B 的女性活的时间更长。而一旦将两性的数据相加，B 在死亡率上明显比 A 更低。

请填一填表 10-2，并看看这是如何发生的。

表 10-2　医院死亡率

	男性	女性	合计
医院 A			
医院 B			

百分比本身

阐释数值分析的问题之一，在于我们倾向于认为百分比是绝对值。举例来说，我们认为 80% 比 1% 要多。然而，如果有人让我们从一家小公司 80% 的股份和微软这样的业界巨头 1% 的股份中做选择，我们马上就能意识到百分比数字并不等同于美元。

当我们说"他错过了一次百发百中的机会"，你会怎么想？

"这种治疗将使 30% 的吸烟者患心脏病的概率降低 17%"的意思是什么？

哪个方案更好：打 7.5 折的物品，还是买第二件时打 5 折？

为什么？

当我们基于百分比做决定时，我们必须非常小心。

百分比的案例也常用于股票交易。当我们听说某一只股票涨了 10%，之后又跌了 10%，我们不应该认为它还是回到了初始的水平。如果我们的股票曾经价值 100 美元，后涨了 10%，现在价值 110 美元。但它下跌 10%的时候，这只股票实际价值减少 11 美元，意味着它现在的价值是 99 美元。如果同样的问题发生在 50%涨跌范围内（150 美元和 75 美元），这一差距会变得更加显著，而当我们考虑先上涨 100%后下跌 100%的情况时，我们会达到一个显著的峰值。在最后的情况下，当其价值翻倍后，这只股票将不复存在。

很多人不理解，当他们的股票先涨 90%，之后下跌 50%的时候，他们实际上是遭受了损失。难以置信？让我们算一算。假设你的股票值 100 美元，之后涨了 90%，现在价值 190 美元。然后它又跌了 50%，这意味着现在只值 95 美元。当一位财务经理向你忽悠一只股票，号称它之前涨了 90%，后又跌了 50%时，许多人会认为他们当年赚了 40%。没有人认为他们会遭受损失。

但如果我们因为这些百分比而迷失方向，请想象一下当我们进入未来事件的概率领地，会发生些什么。

概率、圣经、"9·11"事件和指纹

一次，一位学者向我展示了一个很有意思的把戏。希伯来语的《创世记》的第 50 个字母是 T。再数 50 个字母，你会到 O。接下来的第 50 个字母是 R，而第 200 个字母（也就是顺下来的第 50 个）是 A。把它们拼起来是 *TORA*（托拉），是希伯来语的《摩西五经》的意思。这是偶然造成的还是经过预先设计的？梳理整部《圣经》，找出各种有意义的编码间隔，曾经是一种流行的消遣活动，围绕这一主题还有一些专门的文章和书籍。那么，《圣经》真的包含有那样的秘密信息吗？如果忽略这一主题的理论要素，这主要是我们可以向大量著作发问的一个数据问题，如《战争与和平》。它们是否包括这些有趣的组合？很可能有。人们在《白鲸》、《安娜·卡列尼娜》以及很多其他巨部头中都能找到大量有趣的组合。（想象一下我们能从马塞尔·普鲁斯特的七卷小说《追忆似水年华》里找到的信息。）

在"9·11"恐怖袭击后，许多纽约人对围绕这场暴行出现的偶然"事实"表示震惊。比如说，第一架撞上世贸中心大楼的飞机航班号是 11。纽约市（New York City）的英文拼写有

11 个字母，阿富汗（Afghanistan）和乔治·W. 布什（George W. Bush）的英文字母数也是 11。此外，9 月 11 日是当年的第 254 天。你可能会问，那又如何？2+5+4 = 11。就连双子塔的形状也让我们想起了数字 11。这个真的很怪异。

另外一个有意思但稍微有些离题的问题，则涉及用指纹解决犯罪问题。我认为，当法院由于犯罪现场发现的指纹与嫌疑人一致而宣布其有罪时，他们应当首先考虑附近一带人口的总数。据我所知，指纹配对从来都不绝对确定，而是指向一些相同的形状。（正如本杰明·弗兰克林曾经说过，世界上只有两件事情是确定的：税收和死亡。他并没有提到指纹。）找到错误配对的概率是 1∶100 000 或者 1∶200 000，这取决于你读的是哪本书。因此，当在一个只有 200 人的镇子的犯罪现场发现指纹，并且我们根据指纹配对找到嫌疑人，那么我们找到犯罪分子的概率是很高的，因为在这个镇子上想要找到第二位有类似指纹的居民几乎是不可能的。但是，如果在纽约、伦敦或者东京应用这种方法寻找犯罪分子，我们可以假设有着类似指纹图案的人是相当多的。

关于平均数和中间数

虽然在许多日常情境中，我们会常常提到平均数，但我感觉平均数是统计世界中最让人困惑的事情。例如，假设我们知道一家公司的平均月薪是 10 万美元。这意味什么呢？我问了好几位相当聪明的人，结果发现很多人认为这意味着 50% 的该公司的员工月薪高于 10 万美元，而另外 50% 的人挣得没这么多。这当然不对。将人群一分为二的数据是中间数，而不是平均数。对于上面提到的平均数，很有可能只有很少一部分选出来的人挣得很多，而其他所有人——绝大多数人都挣得很少。举例来说，有 7 个人在一家假想的银行分行工作。其中 6 个人拿正常工资，而经理的薪水是 700 万美元。这使这家银行的平均薪水超过 100 万美元。毕竟，如果我们仅仅将经理的薪水平均分成 7 份，每人都可以拿到 100 万美元。所以真实的平均值肯定更高。在这个案例中，只有一个人的薪水比平均值高，而其他所有人的薪水都比平均薪水要少。众所周知，在很多国家中，只有 30%~40% 的工人的薪水高于平均值。

平均值的问题在于它对极值非常敏感。如果我们的经理将他自己的工资翻倍，那么平均工资也几乎会翻番，虽然其他人一分钱也没有涨。然而，中间数（请记住中间数是按从低到高排列数字列表中的"中间"值）则制造出相反的问题。经理本人的工资上涨同样的幅度对中间值没有任何影响，因为中间值对极值完全不敏感。因此，如果我们想用合理的数字来展示一种情境，我们必须同时使用中间值和平均值、标准偏差和分布形态。有意思的是，当新闻中提到工资数据时，报道使用的几乎总是平均工资，或是家庭的平均开支（我希望你现在已经了解原因）。显然，新闻编辑认为他们不应当将数据进一步复杂化。那样只会让他们的观众换台，但是你作为观众，不应根据这些数据得出结论。显然，如果一个统计学家将一只脚放进冰水里，将另一只脚放进沸水里，这种感觉对他一定很棒（平均来说）。

一位普通的财政部部长

一次，我看到一篇报道引述某个国家财政部部长的话，他说他希望有一天，他们国家所有工人的工资能够超过国家平均工资水平（人们有时说这一"明智"的说法来自比尔·克林顿）。我不得不承认这是一个绝佳的点子。我们唯一能做的就是祝福这位财政部部长活得更长一些，只有这样他才能看到梦想成真。这篇新闻的一个后续反馈指出，财政部部长不理解平均值是什么，并且好心地解释说："50%的工人挣得比平均值多，而另外50%的人挣得比平均值少。"他显然不是数据领域的专家：他把平均数和中间数搞混了。

典型的司机

还有一次，我读到一篇号称懂一点统计学的记者写的文章。他说，每个人都认为自己的开车技术高于平均水平。这位记者说，从数学上看，大多数司机开车水平超过平均水平是不可能的。他错了。我简单解释一下。假设 5 位司机中有 4 位都在去年出过一次驾驶事故，而第 5 位经历了 16 次事故。那么他们一共经历了 20 次事故，每位司机的平均事故次数是 4。这样，在这 5 位司机中，有 4 位的水平是高于平均水平的。下一次，当你读到几乎每个人都认为他们的开车技术高于平均水平时，别再轻易地嗤之以鼻，也许他们是对的（至少从统计学上说是这样的）。

自说自话

关于统计学最奇怪也是最有意思的一件事，就是许多从未研究过这个专题的人都认为他们懂这个（告诉我一个从未学过微积分方程或泛函分析，但仍然宣称懂这些的人）。人们常常会说："数据自己会说话。"这种说法很荒唐。我从没听到数字

7 说话，或者数字 7 与数字 3 对话。你听到过吗？

有趣的阅读

　　在此，我想给大家推荐我最喜欢的两本书。第一本是数学家约翰·艾伦·保罗斯的《数学家读报》，他在书中解释了他对新闻的看法如何有别于普通人。另一本是达莱尔·哈夫的《统计数据会撒谎》。当我开始教授统计学时，我经常使用这本书：这使学生不再那么厌恶这门课。

第十一章　突破万难

在这一章里，我们会找出当我们谈到机会时，是在指什么。我们会扔硬币和掷骰子，在操作台上讨论概率的意义，帮助医生避免做出错误的诊断，并试图在谎言不被识破的情况下通过测谎仪的测试。

硬币的另一面

从表面上看，"机会"或"概率"概念相对简单，人们确实常常会这样说，"明天下雪的可能性很大""掷骰子游戏中得到数字 6 的概率是 1∶6""明年夏天发生战争的可能性翻了一番""他很可能无法恢复过来"。然而，当我们开始深入探寻和学习这个概念时，就会发现它要复杂得多，并且更加让人困惑。

让我们先举一个简单的例子：扔硬币。随便问一个人在扔硬币时得到正面朝上的概率，他都会自然而然地说是一半对一半。这很可能是正确的答案，但一旦我们问"你为什么说是'一半'""你这么说的理论依据是什么"时，人们就会开始感到困惑。

当我教概率或者讲到这一主题时，听众总是给出同样的答案："只有两个选项——正面朝上或者反面朝上——所以概率是 50∶50，或者说每扔一次就有一半的概率。"往往，我会在此举出另一个案例，让他们回答得没那么轻松。既然我们在讨论概率问题，那么我会说猫王有可能穿过这扇门，给我们唱《温柔地爱我》，或者他有可能不会。同样，这里有两个选项，但我不会说概率是 50∶50。我们也可以想一些没那么有吸引力的事情。现在，当我写下这些文字时，我头顶上的天花板有可能掉下来摔碎；但同样，它也有可能不会。如果我相信概率是 50∶50，我会马上跑出房间，尽管我正写得开心。在另一个例子中，我的一个朋友刚切除了扁桃体。同样，我们也面临两种情况：他会平安度过手术，或者不会。他所有的朋友都希望手术成功，同时几乎很肯定手术成功的概率大于不成功的概率。

我们也可以举出其他很多类似的例子，但原理很清楚：有两个选项的事实并无法保障 50∶50 的概率。尽管这一想法在我们头脑中根深蒂固，有两个选项同 50∶50 的概率之间的紧密联系几乎总是错误的。

那么，为什么人们会说，当我们扔硬币时，正面朝上和反面朝上的概率是一半对一半呢？真相是我们并不能肯定。这并不是一种富兰克林的确定性。如果我们想证实概率是"一半"，我们应该雇一位刚刚退休因而有足够空闲时间的人，给他一枚硬币，让他尽可能多地扔（我们也可以称这个为职业疗法）。

我们也必须试足够多的次数，因为如果我们仅扔 8 次，那我们有可能得到所有的结果，例如：6 次正面，2 次反面；7 次正面，1 次反面，或者反过来；4 次正面，4 次反面；或者其他任何组合。同样，如果我试 1 000 次，结果的比率很有可能接近 1∶1，正反面次数各接近 500。但如果结果是 600 次正面，400 次反面，我们可能会认为这枚硬币被损坏了，因为一面朝上比另一面朝上的概率更大。在这种情况下，我们可以认为正面朝上的概率大约是 0.6。

正如我们刚才看到的，即使一枚硬币都可能会导致问题，而我们甚至都还没开始提一些大的问题。例如，我们可以问，为什么当我们扔一枚普通硬币时，结果会是约 500 次正面朝上，500 次反面朝上？毕竟，硬币本身并没有记忆功能，没有哪一次投掷是由之前那次所决定的。我的意思是，当一枚硬币连续四次都是正面朝上后，它不会想："好，够了。我该改变一下，使事情平衡一些。"我们为什么不能连续扔出正面朝上的硬币呢？为什么数字应当更加平均呢？（这确实发人深思。）

骰子游戏

扔硬币游戏结果接近一个可预测的模式，以下故事可对此进行解释。某人被要求扔 100 次同一枚骰子，并且向我们报告他的结果。他告诉我们，每次他都扔到 6 点。我们当然不会相信他，但如果他告诉我们他扔的结果是 1、5、4、2、3、5 等，我们就会相信他。我们甚至奇怪他为什么费劲告诉我们这些随机的数字。这个结果实在是太无聊了。而且或者这两种结果的概率是一样的。事实上，这两种结果的概率都是 1/6 的 100 次幂，也就是几乎接近 0。这也引发我们思考，为什么那些看起来发生概率为零的事情还是发生了。这是一个用途广泛的问题，因为站在一定高度来观察，几乎我们身边发生的所有事情——从我们出生的这一事实开始——就完全不应该发生，但它确实发生了。

那么，我们为什么不相信连续出现 100 次 6，却认为第二种排列顺序是完全可信的呢？在第一次掷骰子时，出现哪个数字的可能性更高，6 还是 1？显然，没有区别。那第二次呢？哪个更有可能，6 还是 5？同样也没有任何区别。出现两个数字的概率都是一样的。

这说明什么？

这里你可能会感到困惑，因为我们好像在谈数字 6 的纯序列，这确实很难实现，而一个混合的序列却非常简单。但是，一个特定的混合序列和一个纯序列一样罕见。

手术台上的概率

让我们再举一个医学案例。假设某个外科手术的成功率为95%。这意味着什么？首先，我们应该知道当我们讨论手术的成功率（及类似问题）时，我们必须有一个很大的样本。这样一个概率可能对外科医生有意义，但对病人而言并不是绝对清楚。假设某位外科医生在未来一年要做 1 000 例这类手术，他知道有950 例都会成功，而有50 例不会成功。然而他的病人不会计划接受几百次手术，这种成功概率对他来说意义并不大。病人只会接受这一次手术，而且这次手术要么成功，要么失败。但是，如果我们说病人的手术成功概率是 50∶50，这种说法当然会错：对病人来说手术成功概率也是95%。但是这究竟意味着什么呢？

让我们现在假设我们的外科医生是一个非常出名的医生，每次手术收费 7 万美元。但是病人面临一个选择：他知道另一位医生的手术成功率是90%，同样也是基于他目前的手术成果，但是他的病人可以用自己的保险支付这笔手术费，不用再花其他的钱。你会选择哪位外科医生？如果这位包含在医保内的外科医生的手术成功率只有17%呢？那又怎么选择？你画线的标准在哪里?

南非医生克里斯蒂安·巴纳德(Christiaan Barnard, 1922—2001)成功进行了全球首例人类心脏移植手术。当计划做首例心脏移植手术的病人路易斯·沃什坎斯基(Louis Washkansky)见到巴纳德时,他问医生手术成功的概率有多大。巴纳德毫不犹豫地回答说是"80%"。巴纳德这么说是什么意思?我是指,这是人类历史上首次将一个人类心脏移植到另一个活人体内。以前从未做过此类手术:这是史无前例的。过去没有类似的手术,也没有记录可循,那么巴纳德如此自信的说法从何而来呢?

同大多数人一样,医生经常会误解概率的概念(除非在他们的例子中更加危险)。1992年,英国心理学家和作家斯图尔特·萨瑟兰(Stuart Sutherland)在他的《非理性》(*Irrationality*)一书中提到在美国做的一项研究,其中内科医生会面临以下假设情况。针对一种特定的疾病即将做某种实验,如果参与实验的人员是病人,那么这个实验揭示病症的概率是92%或0.92。之后内科医生会被问道:"如果实验结果是阳性的,病人患上此病的概率是多少?"让人惊讶的事情是至少对懂数学的人而言,那些内科医生并不懂得这两件事情完全不同。他们认为,鉴于结果是阳性的,病人患病的概率也是92%。(这个问题可以在我给精密科学专业的学生讲概率的课本中找到——更不用说在医学术语中"阳性"意味着你生病的这一奇怪的事实。)

　　这里有一个例子可以解释这些内科医生所犯的错误。当我意识到外面下雨后，出门带伞的概率是100%。但是，因为我带了伞而下雨的概率远远达不到100%。这是两件完全不同的事情，有两个完全不同的概率。同样，如果一个人生病了，这个实验有92%的概率能揭示出来。但是，如果实验结果是阳性的，这个接受实验的人得病的概率是完全不同的。假设这个实验是针对一种非常恐怖的疾病：那个结果是阳性的人是否应当马上开始恐慌？完全不用。如果我们想知道他得病的准确概率，我们需要更多的数据。例如，我们需要知道感染此病的人口分布情况，以及假阳性——即将健康人群误判为生病的情况——的比例。

　　为理解生病概率离92%差得远的情况，我举一个简单的例子。假设只有总人口的1%得了一种特殊的病，假设实验得出假阳性结果的概率只有1%（每100个接受实验的人中，只有一人被错误诊断出携带此病）。让我们进一步假设，为了简化，有100人接受实验，其中一人生病。此外，让我们比之前例子中的作者更加慷慨，假设这个实验确实找出了一个病人，此外，在剩下的99例实验中，有一个假阳性结果。这样，当这个实验结果显示为阳性时，接受实验人群生病的概率确实为50%，肯定不是92%。

当一个数学问题回答错了，只是一个错误而已。但当一位医生做出一个错误诊断，结局可能是悲惨的。难道那些可以影响我们生活的医生、法官等不应该也学一下如何正确地思考概率问题吗？

测谎仪

当你还在消化上个问题时，再让我举一个类似的例子。假设美国联邦调查局决定彻底找出刺杀肯尼迪的真凶。在经过数年的调查且不放过任何漏网之鱼后，勤劳的探员列出了一个包含所有嫌疑犯的完整名单。受到怀疑的人有100万之多——他们所有人都要接受测谎仪的测试。现在，让我们假设当人们撒谎时，测试仪能检测到他们不诚实的次数达到98%，但也有5%是误报（错误地指出诚实的人在说谎）。现在，让我们假设，这100万嫌犯都否认介入肯尼迪刺杀案。

出于对测谎仪发明者的尊重，当真正的凶手接受测试时，测谎仪显示他在撒谎。那又如何？这台仪器对其他5万人也发出了同样的信号（遗憾的是，100万的5%就是5万），那么我们现在有50 001个阳性结果。我们好像正在研究一个团伙谋杀案。从中找出谋杀犯本人的概率是 1 ∶ 50 001。

　　我想，你现在应该理解为什么试图用这些不确定的测试定位一个独立事件（每千人中一人染病，或者每百万人中的某一个谋杀犯）是有问题的。出现令人惊讶的结果被称为"假阳性困惑"。确实，我们的测试提供了"几乎确切"的结果，但是当那个"几乎"与测试事件的罕见性结合在一起的时候，我们会得到令人惊讶的结果。结论是清楚的。如果一个测试不能得出绝对确切的结果，它也无法有效地发现一个罕见事件。

第十二章　关于公平分担责任

在这一章里，我会举一个公平分配机场问题，这个问题对博弈论中提出的公正问题进行了思考。公正能被证明是正当的吗？

争执升级

　　哪怕年纪最大的租户也记不起在这座大楼里曾发生过如此激烈的争执。一切始于住在顶层（4楼）的约翰和他的妻子以及他们两个月大的双胞胎提议，或者说是乞求租户在他们的公寓楼里安装一部电梯。约翰想让所有的租户平摊成本。当独自一人租住1楼公寓的艾德里安说，因为他不需要电梯也绝不会用电梯，所以他不会出一分钱时，争执爆发了。和丈夫詹姆斯以及两只猫一起住在2楼的莎拉声称，他们会出一份力，但只是一种支持的象征——因为詹姆斯是一名优秀的运动员，永远不会乘坐电梯，她本人只有在搬运特别大量的杂货时才会用一下。住在3楼的简争论说……

　　算了，简说了什么并不重要。你可以想象这些争论会没完没了。那么，你如何将安装一部电梯的费用平摊到住在不同楼层的住户身上？

我可以告诉你答案，但电梯问题比较枯燥。相反，我愿意告诉你一个关于机场的故事。

机场问题

从前，有四个朋友——亚伯、布莱恩、卡尔文和丹。他们都是人生赢家，决定给自己买飞机。他们同意联合建成一个只服务于他们自己的私人飞机起落跑道。丹是四人中最穷的一位，他买了一架两座的塞斯纳飞机。卡尔文花得钱多一些，买了一架四座的喷气式飞机。布莱恩相对更富裕一些，买了一架里尔85私人飞机。亚伯刚刚赚了一大笔钱，所以完全忘乎所以，他买了一架双层机舱的空客A380，并且给自己建了一个机上游泳池、一间一流的健身房、一个印尼温泉浴场和一个全息电影放映室，他还雇用了一位前宇航员作为他的飞行员和一组超级模特作为空姐，所有这些花了他44 400万美元。

现在到了修建飞机起落跑道的时间，这个跑道需要能承载亚伯的空客A380，价位是20万美元。显然，另外三位也可以用这个跑道起落更小的飞机。布莱恩实际需要的跑道仅需要花费12万美元；卡尔文需要的是价值10万美元的跑道；而丹的小飞机需要的跑道仅 4 万美元。

那么这四个朋友如何分担这 20 万美元，从而修建一个能服务于他们所有人，但又不需要分摊其他人份额的跑道呢？

作为其中最有钱也是最年长的人，亚伯提出了一个相对比例方案：他会支付卡尔文承担份额的 2 倍（200/100），是丹承担份额的 5 倍（200/40）；布莱恩应支付丹承担份额的 3 倍（120/40）等。如果你想为六年级学生解决这道数学难题，你完全可以验证一下以下这些数字。飞机跑道将花费亚伯 86 956 美元，布莱恩需要支付 52 175 美元，卡尔文需要支付 43 478 美元，丹需要花费 17 391 美元（我稍微将这些数字四舍五入，使总数达到 20 万美元）。

四位朋友中有三位认为这是个公平的方案，但最近背负了新债务的丹（部分是因为他刚买了这架飞机）有一个不同的想法。"如果你们所有的人都同我一样买了一架小飞机，我们花 4 万美元就可以修一条飞机跑道。亚伯买了最贵和最大的空客，所以他应当主动提出自己花钱修建一条跑道。事实上，我们都是在为他的项目提供帮助。我知道我们都是朋友，我也不指望我们中间有出手阔绰的大富翁。我只是希望有更公平和更合理的分配方式。如果你们学习了博弈论，并且专攻了沙普利值，你们就会知道它有其自身的优势。"

你们大概已经知道，罗伊德·沙普利在 2012 年荣获诺贝尔经济学奖，所以我认为他值得我们关注。就我看来，我认为丹提议的基于沙普利的方法，比起亚伯提议的按比例分配的方法要更为公正。"我的飞机需要的飞机跑道，我们所有人都会用到，"丹说，"这一部分价值 4 万美元，应在我们中间进行平均分配。因此，我们每人都应支付 1 万美元。"

"我不需要下一部分，但是卡尔文、亚伯和布莱恩会用到。这一部分价值 6 万美元（这样整个跑道价值 10 万元），你们三人应对此进行平摊，因此，你们每人应支付 2 万美元。与此类似，亚伯和布莱恩应平摊他们都需要的 2 万美元这部分，而亚伯应支付仅供他使用的额外的 8 万美元那一部分（使整个成本总数达到 20 万美元）。"

表 12-1 对这一提议进行了总结。

表 12-1　丹的提议

部分成本	40 000	60 000	20 000	80 000	人均总数
丹	10 000	0	0	0	10 000
卡尔文	10 000	20 000	0	0	30 000
布莱恩	10 000	20 000	10 000	0	40 000
亚伯	10 000	20 000	10 000	80 000	120 000

表 12-2 将最穷的丹的提议与最富的亚伯的提议进行比较。

表 12-2　两个提议的比较

	丹	亚伯
丹	10 000	17 391
卡尔文	30 000	43 478
布莱恩	40 000	52 175
亚伯	120 000	86 956

显然，丹的提议对他自己有利，对卡尔文和布莱恩也有利。如果要付诸民主表决，丹的提议会以 3∶1 多数通过。这就是最佳的社会公正：最有钱的人支付总成本的半数以上。

那就是沙普利的解决办法。但即使他是诺贝尔奖得主，沙普利的解决办法和其他很多博弈论一样，只是一种不具约束性的建议。

这原本可以成为这个故事的美好结局，但亚伯宣布他不会付钱——显然不在乎会因此失去这三位好朋友。他威胁说，如果他的成本比例分配建议遭到拒绝，他会退出四人组，让他三位穷伙伴自己支付跑道的费用。"如果我要付总费用的一半以上，"亚伯说，"我还不如自己支付全部的费用，拥有自己的私人飞机场。要知道我花得起这笔钱。"

三位朋友请亚伯给他们一点时间，他们意识到如果亚伯退出，他们需要一共为跑道支付 120 000 美元。然而，如果他们接受亚伯的建议，三位只用支付 113 044 美元（20 万的总数减去亚伯的份额 86 956 美元），这比他们在亚伯退出的情况下承担的份额要少。

他们是要对亚伯屈服呢，还是应该坚持自己的独立？你猜得出来吗？提示：布莱恩是新的寡头。让我们算一下成本（为了社会公正，将新寡头布莱恩的数据重新四舍五入一下，见表12-3）。

表 12-3　布莱恩为寡头时丹的提议

部分成本	40 000	60 000	20 000	人均总数
丹	13 333	0	0	13 333
卡尔文	13 333	30 000	0	43 333
布莱恩	13 334	30 000	20 000	63 334

如果根据丹的新模型划分成本，对他和卡尔文来说，这个方案仍好于亚伯的方案（尽管对卡尔文来说差距很小），但布莱恩作为三人中最富有的却承受了损失。

布莱恩会退出吗？他是否会加入亚伯？如果这个团队寻求仲裁，将如何解决？这个问题与普遍存在的邻里纠纷，如在公寓楼内安装电梯有什么关系？这个问题与经济领域领导人必须面对的，如在不同人口群体里如何公平分配基础设施建设的成本有何关联？你是有工具思考这些问题的。

第十三章　信任问题

在这一章里，我们会认识伟大的印度经济学家考希克·巴苏。他发明了被称为"旅行者困境"的思维实验。巴苏教授在这个博弈里告诉我们，只关注自己的利益而不信任他人实际上会伤害你自己（和其他人）。在这种情况下，纳什均衡是一个糟糕的结果——博弈者将战略放在一边，只需要拿桶沉入个人的信任之井中取水，结果反而会更好。

中式花瓶

　　有两个朋友，我姑且称为 X 和 Y，参加了哈佛大学的一个
战略思维研讨会。在飞回国之前，他们走访了波士顿以古董商
店而闻名的查尔斯街。在一间古董店里，他们找到一对一模一
样且物美价廉的中式花瓶。两个人各买了一只花瓶，但就像贵
重物品有时候会遭遇的那样，航空公司把他们的行李弄丢了，
里面就有这两只花瓶。航空公司决定立即对 X 和 Y 予以赔偿。
他们被请进失物招领部门经理的办公室。在简短对话后，经理
意识到他们对战略思维很感兴趣，因此，她决定顺着以下思路
对他们予以补偿。他们两位需要在不同的房间，在一张纸上写
下他们对补偿丢失花瓶的期望数额。这个数字可以从 5 美元到
100 美元不等。如果他们写的数字相同，他们每人都可以拿到
这个数额。如果他们写的数字不同，每人会得到较低的那个数

额。但这还没完：那个写下较低数值的人会在得到的数额基础上增加 5 美元的奖励，而那个写下较高数值的人会在得到的数额基础上扣掉 5 美元。举例来说，如果 X 写下 80 美元，Y 写下 95 美元，那么 X 将拿到 80+5 = 85 美元，而 Y 会拿到 80-5 = 75 美元。

那么你选择的数字会是多少？

表面上看，似乎两人都应当写 100 美元，因为这样他们都会拿到这个数额。通情达理的人们很可能会这样做。但如果 X 和 Y 都保持一种经济世界视角——这是一种往往会变得狭隘的思维方式，会怎么样？大部分人都属于"经济人"物种——一种当机遇出现时希望财富最大化的物种。这种方式会预测出一种非常不同的数字。

有这种博弈中，纳什均衡是 5 美元——很多博弈参与者选择了这个低数值，并取得微少的补偿。让我解释一下。

如果 X 认为 Y 写的数字比 100 美元少（希望是最低的出价方，拿到 5 美元的奖金），他不会写 100 美元——这已经很清楚了。但即使 X 认为 Y 写了 100 美元，他仍然不会写 100 美元：他会选择写上 99 美元，因为这样他会拿到 104 美元（99+5）。

Y 理解 X 的想法，他知道 X 不会写下比 99 美元多的数额——因此，在做出和 X 之前一样的思考之后，Y 的选择不会超过 98 美元。在这种情况下，X 写的数字不会超过 97 美元……以此类推。到哪里才会停下来？我知道：他们必须在 5 美元这里停下。这是保证两位游戏参与者事后都不会对自己的选择后悔的唯一选项——这就是纳什均衡。

这让我想起来温斯顿·丘吉尔的观点："无论战略有多么好，你都应当偶尔看看结果。"这种战略性的非零和游戏被称为"旅行者困境"，由著名的印度经济学家考希克·巴苏发明。巴苏教授［也发明了数独（Sudoku）的竞争性版本（Duidoku）］是一位主要的经济学家和世界银行的高级副主席。"旅行者困境"反映的情况是，最佳方案与通过纳什困境获得的结论差距很大。在这种情况下，关注自身的利益实际对自己（和他人）有害。该游戏的一种广泛行为实验（有真正的经济奖励）会得出一些有意思的启发。

"一个人在没有实证的情况下，无法根据理解推断出，在非零和的策略游戏下，人们仅仅通过纯粹正式的推断就可以证实某种特殊的玩笑一定是有趣的。"

——托马斯·谢林

2007 年 6 月，巴苏教授在《科学美国人》杂志上发表了一篇关于旅行者困境的文章。他说，在现实中玩这个简单游戏的时候（这不是一个零和游戏，因为玩家得到的数额并不是固定的，而是由各自选择的战略所决定的），人们通常会拒绝（合理的）5 美元选项，而常常会选择 100 美元的选项。事实上，这位印度经济学家指出，当玩家缺少相关正式信息，从而忽略经济手段时，他们实际能获得更好的结果。放弃经济思维，只去信任对手玩家是一件合理的事。所有这些归结为一个简单的问题：我们能信任博弈论吗？

关于这个博弈的另一个有趣的发现是玩家的行为取决于奖金的多少。当奖金很少时，反复进行的博弈指向的是获得尽可能高的数额。而当潜在的利润非常可观时，给出的数额往往接近纳什均衡——可声明的尽可能低的数额。这一发现同时得到阿里埃勒·鲁宾斯坦教授对不同文化的研究的进一步证实，他在 2002 年获得以色列经济学奖。

"所有的人都会犯错，但只有聪明人从他们的错误中学习。"

——温斯顿·丘吉尔

考希克·巴苏认为，诸如诚实、公正、信任和关怀这样的道德品质对一个良好的经济体和健康的社会是必要的。虽然我完全同意他的观点，但我严重怀疑世界领导人和经济政策制定者是否拥有这样的品质。通常来说，诚实和信任是那种在政治竞争中不会给你任何优势的品质，但如果有这些道德标准的个人能身居政治或经济要职，就将会产生真正的奇迹。

鹿、兔子、初创公司和哲学家

表 13-1 是一个被称为"猎鹿博弈"的游戏表格。

表 13-1 猎鹿博弈

	鹿	兔子
鹿	2, 2	0, 1
兔子	1, 0	1, 1

两个朋友到一个满是鹿和兔子的森林里去打猎。兔子代表猎人能捕猎到的最小战利品，而鹿代表最大的收益。猎人凭一己之力就可以捕到兔子，但他们必须合作才能猎到鹿。在这个游戏中有两个平衡点：这两个猎人可以捕兔子，或者捕鹿。他们如果选择更大的目标，会过得更好，但他们会这样做吗？这

是一个信任的问题。如果每人都认为对方是一个可信赖和合作的伙伴，他们可能也会致力于猎鹿。

在此情况下，两位参与者必须做出选择：一方面是确定可以做到，但不那么好的结果（兔子）；另一方面是更大且更有前景的结果（鹿），而这要求彼此信任与合作。

即使这两个猎人握了手，决定一起捕鹿，他们中的一个人还是有可能打破承诺，因为担心对方可能也会这么做。手里拿着兔子总比没人帮你捕鹿要好。

同样的情况当然也会发生在森林之外。一家高科技公司的一位老雇员考虑辞职，与朋友一起创办一家公司。就在他通知老板之前，他开始担心他的朋友不会辞职，这样他就会被吊在那里，既没有了现在的工作（兔子），又没有了梦想的初创公司（鹿）。

在博弈论诞生的很多年前，哲学家大卫·休谟和让-雅克·卢梭在他们讨论合作与信任时使用了这个博弈的口头版本。

需要指出的是，虽然囚徒困境通常被视为证明信任和社会合作问题的最佳范例，但一些博弈论的专家认为，猎鹿博弈代表研究信任与合作的一个更有趣的背景。

我能信任你吗？

萨莉拿到 500 美元，并被告知她可以给贝蒂她认为合适的金额（甚至分文不给）。在贝蒂拿到钱之前，萨莉选择的数额会乘以 10。那么，如果萨莉给贝蒂 200 美元，后者实际会拿到 2 000 美元。在博弈的第二阶段，如果贝蒂愿意，她可以从她实际得到的金额中拿出一部分还给萨莉。

你认为会发生什么？请注意博弈的总价值（也就是两个参与者可以赚取的总额）是 5 000 美元。

假设萨莉给了贝蒂 100 美元，这意味着贝蒂实际可以拿到 1 000 美元。那么贝蒂合乎逻辑的举动会是什么？她应该怎么做？她是否要把 100 美元还给萨莉？她可以这么做，以感谢萨莉的信任，或者她也会因为萨莉没有信任她、没有给她哪怕 400 美元而沮丧。如果你是其中的一位，你会怎么做？在我给学生做实验时，我看到有各种可能的行为：一些学生会拿出一半的金额；一些学生分文不给；一些学生完全信任对方，把所有的钱都拿了出来。一些慷慨的学生获得回报，而有些学生却没有……世界上的情况也大致如此。

第十四章　如果没得选，怎么赌？

题目说明了一切……（但这恐怕对我不奏效。我觉得最好能说得更多一些，和其他标题一样。）

我将给你一个数学建议，它将极大提高你在俄罗斯轮盘赌中取胜的概率。但在我给你建议之前，在你买机票飞机赴拉斯维加斯之前，我必须强调，我能给你的最好建议就是：在赌场里赌博不是什么好点子，你应尽量避免。我希望你能知道，建赌场并不是一个偶然，人们被送进赌场，被美味佳肴款待，同时应邀观看昂贵的演出。谁也不会认为，赌场老板只是想让他们的顾客好好享受。

　　但是，如果你不得不去赌，这里有一个例子可以使你不停地赌下去。

　　假设赌场里有个人手中有 4 美元，但急需 10 美元（如果你想听一个悲伤的故事，可以想象那个人进赌场时口袋里有 1 万美元，但全都输光了，只剩下最后的 4 美元。现在他需要 10 美元买回家的车票）。在赢回剩下的 6 美元之前，他是不会作罢的——除非他输得一干二净，只能冒着凄风冷雨走回家。（你看到这里哭了吗?）站在俄罗斯轮盘赌桌前，他必须决定如何去赌。

从数学上，我可以准确地证明，使他将 4 美元变成 10 美元的概率最大化的方法是在以下两个数字之间的一种颜色上押上最小的金额：他有的全部金额和达到 10 美元还缺的金额。解释如下。

他有 4 美元，需要 10 美元，所以他将全部的 4 美元押在红色上。当然，赌场可能会赢走这 4 美元，这个赌徒于是只能步行回家，但如果确实押对了红色，他的赌注会翻一番。现在他有 8 美元，他不想拿全部的金额下注，因为他现在只需要 2 美元而已。所以他可以只拿出 2 美元下注。如果他还是走运，他会获得想要的 10 美元。如果他输掉了这 2 美元，他还有 6 美元，应当再拿出其中的 4 美元下注。他会以这种方式一直赌下去，直到他失去所有的钱，或者拿到想要的 10 美元。

最佳的战略是选择"你死我活"的胆大战略——那就是押上所有钱，或是你缺少的金额。这看起来好像是一个奇怪的战略，因为大多数人会认为一次押 1 美元或 2 美元比较好。他们错了。胆大战略是最好的策略，因为如果你是"更弱势的一方"，你出手的次数应当尽可能地少。

谁是更弱势的一方呢？是那个获胜概率比对手要少的一方（哪怕只是从比例上看），还是那个钱更少的（和纠正损失的机会更少）一方？

当你和赌场对弈时，你在那个标尺上的位置是相当清楚的。赌场总是会有优势（这就是轮盘上的单零点和双零点的意义）、有经验，以及你没有的钱。

但让我再警告你一次，不要去赌！这或许是我可以给你的最好的建议（除非你只是为了好玩，不介意输钱——如果在这种情况下，我建议你确定自己愿意拿出的金额，并且一直坚持下去）。或许你会很惊讶我为什么可以从直觉上解释，为什么胆大战略是使你赢取 10 美元的概率最大的最佳战略。

简而言之，让我提出另外一个问题，从而使轮盘桌上的问题变得更清晰一些。想象一下，如果我刚好偶遇篮球天才迈克尔·乔丹，而且他答应和我一起投几次篮。此时，我俩都不是现役的 NBA（美国职业篮球联赛）队员，因此我们都有充足的闲暇时间。乔丹对他的投篮技术很肯定，让我说出我们想达到的比分。你会怎么建议？我希望答案很清楚。对我来说最好的建议就是取消比赛，拥抱一下乔丹，称双方达成平局。第二优的方案是投一次篮。我是指，奇迹也是会发生的。我可以投一次篮，如果这球对我很仁慈，嗖的一声正好进了，而乔丹却失手了（这对我俩都最好）。

如果我选择投两次或三次篮，我获胜的概率会降到相当低；

如果我们继续比赛，我几乎确定失败。大数定律预测，从长远看，预测到的就会发生。如果我们只投一次，至少我可以幻想在篮球运动上战胜乔丹一次，反正做梦又不花钱。

如果我们重新回到赌场问题上，我想提醒你们轮盘也包含数字 0，这令他们可以用有利于赌场的方式调整一下磅秤，使整个游戏（对我）不公平。在质的层面上，以赌场为对手赌博无异于和乔丹比赛打篮球。赌场是更好的选手，所以对我而言，最好赌得越少越好，因为从长远看来，赌场终究是会赢的。

赌博专家或者理性数学家可能会想，如果我有 4 美元，开始下注 1 美元，之后采用以下策略：如果我赢了，有 5 美元，我会全部下注；如果我输了，只剩 3 美元，我就转向之前提到的胆大战略。答案是：这个战略同我们一开始就采用胆大战略时的获胜概率是完全一样的。不管这样，这一个评论只是针对专家而言。

此外，如果你的目标是在豪华的赌场中度过高质量的时光，胆大战略并不是你的最佳选择，因为这有可能让赌场保安在一次赌局后就将你赶出去。如果在赌场消磨时间是你的终极目标，我会建议你谨慎行事——每次都下注 1 美元，然后休息的时间长一些。这不是最聪明的战略，但这是消磨时间和金钱的极其有效的方法。

最后，让我借用英国政治家大卫·劳合·乔治的深刻洞察对本章内容做一个总结："没有什么比分两次跳跃一条鸿沟更危险了。"

结论　博弈论指导方针

博弈论是将理性参与者之间的相互作用形式化，同时假设每一位参与者的目标是将他的利益最大化，此类利益以金钱、名望、客户、脸书上更多的"点赞"、尊严等各种形式表现出来。参与者有可能是朋友、敌人、政党、国家或者其他任何你可以与其相互作用的实体。

当你想要做出一个决定时，你应当假设，在大多数情况下，其他参与者和你一样聪明和自私自利。

当进行谈判时，你必须考虑以下三点：第一，你必须对谈判达不成协议的可能性有所准备；第二，你必须意识到这个博弈有可能重复进行；第三，你必须对自己的立场深信不疑且坚定不移。

与非理性的对手进行理性博弈，结果往往是非理性的；反之，与一位非理性的对手进行非理性博弈，结果常常是理性的。

尽可能地站在对手的立场，来思考他们去做些什么。然而，你并不是他们，你也不可能准确知道什么会刺激到他们：你将永远无法完全控制他们去做些什么，以及为什么会这样做。

请记住，解释比预测要容易得多。大多数事情都比你想的复杂，哪怕你认为你理解这句话。

永远记住，人类不愿意接受不公正，以及荣誉的重要性。

请注意，一场博弈的数学解决方法往往忽视了一些重要的东西，如忌妒、侮辱、幸灾乐祸、自尊和义愤。

积极性可能会改进战略技巧。

在做任何决定之前，问问自己如果每个人都同意你的观点会怎么样……而且请记住不是所有人都认同你的观点。

有时候"无知便是福"：有可能知道得最少的参与者在同那些极度聪明、无所不知的参与者竞争时，反而获得了最大的利益。

当每一位参与者做出只对自己最好的选择，而完全不考虑其行动对其他参与者的影响时，可能会引发对所有人的灾难。在很多情况下，自私的行为不仅在道德上有问题，同时在战略上也是不明智的。

流行的观点认为，更多的选择是更好的选择，但将选项减少反而有可能改善结果。

当人们面对"未来的阴影"时，更倾向于合作——当有可能遭遇更多的人或事时，我们会改变思考的方式。当这个博弈反复进行时，请坚持以下原则："至少保证诚信，永远不要成为背叛的第一人，并且要对背叛行为做出反应。避免盲目乐观的诱惑。原谅他人。一旦对手停止背叛，你也应当停止。

请记住阿巴·埃班的话："历史告诉我们，当人类和国家用尽了所有其他选项时，他们往往会表现得明智。"

对有关博弈具体行为引发的成功和失败的可能性数列组合进行研究。学习诚实和不诚实带来的后果，以及关于信任的风险。正如温斯顿·丘吉尔所说："无论战略有多么好，你都应该偶尔看看结果。"

放弃经济、战略思考，只去信任对手，这被反复证明是一件理性的事情。

如诚实、正直、值得信任和有同情心这样的道德品质对一个良好的经济和一个健康的社会至关重要。人们往往质疑，世界领导人和经济政策制定者是否具备这样的品质，因为这些品质无法让你在政治竞技场上获得任何优势。

如果你是一个"弱势参与者"，你应当尽可能少地参与博弈。

试图避免风险是一个非常具有风险的做法。

参考文献

第一章

Gneezy, Uri; Haruvy, Ernan; Yafe, Hadas (April 2004), 'The inefficiency of splitting the bill', *The Economic Journal* 114 (495): 265–280

第二章

Aumann, Robert, *The Blackmailer Paradox: Game Theory and Negotiations with Arab Countries*. Originally published: July 3, 2010 AISH.COM

第三章

Camerer, Colin, *Behavioral Game Theory: Experiments in Strategic Interaction* (The Roundtable Series in Behavioral Economics), Princeton University Press (March 17, 2003)

第四章

Davis, Morton, *Game Theory: A Nontechnical Introduction*, Dover Publications (reprint edition July 1, 1997)

第五章

Gale, D; Shapley, L S (1962), 'College admissions and the stability of marriage', *American Mathematical Monthly* 69: 9–14

Kaminsky, K S; Luks, E M; and Nelson, P I (1984), 'Strategy, nontransitive dominance and the exponential distribution', *Austral J Statist* 26: 111–118

第六章和第九章

Poundstone, William, *Prisoner's Dilemma*, Anchor (reprint edition January 1, 1993)

第七章

Sigmund, Karl, *The Calculus of Selfishness* (Princeton Series in Theoretical and Computational Biology), Princeton University Press (1st edition January 24, 2010)

Hempel, C.G. (1945), 'Studies in the logic of confirmation', *Mind*, 54: 1–26

第八章

Milgrom, Paul, *Putting Auction Theory to Work* (Churchill Lectures in Economics), Cambridge University Press (1st edition January 12, 2004)

第十章

Huff, Darrell, *How to Lie with Statistics*, W W Norton & Company (reissue edition October 17, 1993)

第十一章

Morin, David J, *Probability: For the Enthusiastic Beginner*, CreateSpace Independent Publishing Platform (1 edition April 3, 2016)

第十二章

Littlechild, S C; Owen, G (1973), 'A Simple Expression for the Shapely Value in a Special Case', *Management Science* 20 (3): 370–372

第十三章

Basu, Kaushik, 'The Traveler's Dilemma', *Scientific American*, June 2007

第十四章

Dubins, Lester E; Savage, Leonard J, *How to Gamble If You Must: Inequalities for Stochastic Processes* Dover Publications (reprint edition August 20, 2014)

Karlin, Anna R; Peres, Yuval, 'Game Theory Alive', *American Mathematical Society* (2017)